建筑施工安全事故案例分析

住房和城乡建设部工程质量安全监管司　组织编写

中国建筑工业出版社

图书在版编目（CIP）数据

建筑施工安全事故案例分析/住房和城乡建设部工程
质量安全监管司组织编写. —北京：中国建筑工业出
版社，2019.6
ISBN 978-7-112-23775-3

Ⅰ.①建… Ⅱ.①住… Ⅲ.①建筑施工-工程事故-
事故分析 Ⅳ.①TU714

中国版本图书馆 CIP 数据核字（2019）第 094983 号

责任编辑：李　璇　牛　松　张国友
责任校对：焦　乐

建筑施工安全事故案例分析

住房和城乡建设部工程质量安全监管司　组织编写

＊

中国建筑工业出版社出版、发行（北京海淀三里河路 9 号）
各地新华书店、建筑书店经销
北京科地亚盟排版公司制版
北京京华铭诚工贸有限公司印刷

＊

开本：787×960 毫米　1/16　印张：12¼　字数：239 千字
2019 年 6 月第一版　　2019 年 6 月第一次印刷
定价：**29.00** 元
ISBN 978-7-112-23775-3
（34072）

前　言

党中央、国务院历来高度重视安全生产工作，中央领导同志多次作出重要指示。习近平总书记特别强调："人命关天，发展决不能以牺牲人的生命为代价，这要作为一条不可逾越的红线。"近年来，各级住房和城乡建设主管部门认真贯彻落实党中央、国务院关于安全生产的重大决策部署，在落实施工企业安全生产主体责任和加强政府部门安全生产监管工作方面不断加大力度，建筑施工安全呈现稳定好转的态势。

事故警示教育是安全生产管理工作的重要内容之一。为及时归纳、总结建筑施工安全事故的原因、特点及其发生的规律，深刻吸取事故教训，并适时调整建筑施工安全管理工作的重点，进而采取有针对性的各项措施，有效遏制和减少建筑施工安全事故的发生，切实提高我国建筑施工安全管理整体水平，住房和城乡建设部工程质量安全监管司组织编写了《建筑施工安全事故案例分析》。本书收录了近年来我国房屋建筑和市政基础设施工程领域发生的建筑施工安全较大及以上事故典型案例，根据事故调查报告，通过对事故的发生过程、发生原因及事故查处的分析整理，归纳总结近年来我国建筑施工安全高发类型事故呈现的新特点和新变化，深入分析导致事故发生的深层次原因，研究事故发生规律，达到总结和吸取事故教训，举一反三，切实加强建筑施工安全管理工作的目的，从而指导各地住房和城乡建设主管部门、建筑施工企业、建筑施工从业人员安全高效开展工作。

感谢各地住房和城乡建设主管部门、住房和城乡建设部建筑安全专家委员会、北京城建科技促进会以及有关建筑施工企业和专家在本书编写过程中给予的大力支持！

目　　录

第1章 模板支撑系统和脚手架坍塌事故案例分析及预防措施

模板支撑系统及脚手架坍塌事故是建筑施工中极易引发群体伤亡的主要事故类型之一，尤其随着城市现代化的发展，结构复杂、跨度大、举架高的建筑越来越多。一些高度较高，采用钢管扣件式脚手架作为支撑体系的模板工程频频发生坍塌事故，造成重大的人身伤亡和财产损失。从近年来发生的较大及以上事故统计情况看，模板支撑工程及脚手架坍塌事故是目前我国建筑施工安全重点整治的事故类型。

1.1 案例介绍

1.1.1 案例一 河南省周口市"2·1"模架坍塌事故（2013）

1. 事故简介

2013年2月1日19点7分，周口市在建综合客运总站站务楼售票厅顶部在混凝土浇筑过程中发生坍塌事故，造成3人死亡、8人受伤，直接经济损失约318万元。

综合客运总站在建站务楼开工时间为2012年7月。按照工程节点，售票大厅屋顶高大模板支撑系统于2012年11月开始搭设，在没有高大模板支撑系统专项方案、没有图纸、没有进行书面技术交底的情况下，由施工现场技术员指导木工班班长自带无特种作业人员操作证的民工进行支架三维尺寸搭设。2013年1月31日，完成了售票大厅高大模板支撑系统和二层、四层屋面的支架、模板、钢筋绑扎等工作。随后，项目工地现场实际负责人没有按规定组织施工和建设单位两级技术人员、安全和质量管理人员及监理单位的总监理工程师等有关人员进行整体验收，没有履行施工单位项目技术负责人及项目总监理工程师签批手续，没有履行监理签字手续（无监理下达的混凝土浇筑令），就进入浇筑施工程序。监理单位在未派人实施旁站监理、未下达监理通知、未下达停工令、没有向建设单位和工程质量安全监督部门报告的情况下，2013年2月1日9时左右，放任现场施工人员开始浇筑大厅屋顶混凝土。19时07分，在混凝土浇筑过程中，售票大厅高大模板支撑系统整体坍塌，正在屋顶浇筑混凝土的施工人员随塌落的支架和模板坠落，部分工人被塌落的支架、模板和混凝土浆掩埋。根据调查，事发时现场参与施工人员共 18 人，其中 7 人安全撤离、9 人受伤被送往医院救治、2 人被掩埋。此次事故共造成 3 人死亡，其中 1 人因抢救无效于当晚死亡，被掩埋 2 人搜救出后发现已死亡。

2. 事故原因

（1）直接原因

满堂脚手架的搭设不符合国家现行规范要求，造成脚手架失稳坍塌。具体情况如下：

1）施工现场施工队支架搭设不合理。现场搭设的高大模板支撑系统没按规范要求设置水平、竖向剪刀撑和纵横向扫地杆，大梁模板底部排架支撑没有按规范要求搭设，致使高大模板支撑系统的整体稳定性无法保证。

2）高大模板支撑系统所用钢管壁厚不够，达不到规范要求，导致整体支撑系统刚度不足，降低了整体支撑系统承载力。

3）施工现场屋盖下的高大模板支撑系统未与四周已浇筑的混凝土结构进行可靠的刚性连接，降低了高大模板支撑系统的整体稳定性。

4）施工现场大厅地基回填土厚约 1m，且前期雨雪水浸泡地基，且立杆底部设置的垫板不符合规范要求，造成地基承载力不足，使地基产生不均匀沉降，导致高大模板支撑系统产生较大次应力，加剧了架体支撑系统失稳。

（2）间接原因

1）建设单位违法招标、未办理施工许可证擅自开工建设、对施工和监理单位管理不力。

建设单位总经理助理、客运综合总站筹建领导小组副组长兼办公室主任，在周口市综合客运总站新建项目招标时，安排代理公司违规操作，并伙同其朋友、现场负责人等人采取围标串标、出钱劝退其他投标企业等违法违规方式，使现场负责人最后得以中标。造成现场负责人组织不具备资质的施工队及人员进行施工。

项目于 2012 年 12 月取得施工许可证，而该项目在 2012 年 7 月就开工建设，无证施工达 5 个月。

项目管理机构相关人员不懂业务、责任心不强。对施工项目负责人、监理单位总监变更把关不严，对有关人员履职管理不到位。

2）监督单位周口市建设工程质量安全监督站对项目施工监督不力。

该站对项目施工单位项目经理、技术人员，监理单位监理总监、监理人员的资格和履职状况监督不到位。对高支模重大危险源的监管不细致、监控有漏洞是这次事故的间接原因之一。

3）现场施工组织管理混乱。

中标施工企业违法出借资质，在收取现场施工人员、现场负责人工程合同1％的管理费后，未履行合同约定，投标承诺的项目经理和技术负责人等主要管理人员未到岗尽职。

施工单位组织对现场施工有关从业人员上岗证书造假。

施工现场负责人借用施工单位资质，非法组织不具备资质的施工队及无从业资格人员进行施工。现场负责人雇用材料员、技术员组成项目部，并雇用木工班长、混凝土工班长、钢筋工班长进行劳务作业。在高支模施工时，由现场技术员指导，木工班长组织搭设，材料员、现场技术员、木工班组长进行检查验收。

施工现场项目部技术管理力量薄弱。现场项目部仅现场负责人具有二级建造师资格，技术负责人不具备该项目施工技术负责人任职资格（具有水利专业助理工程师职称），其他人员均不具备相关资格。在高支模施工时，技术人员未组织编制高支模专项方案，没有进行高支模搭设书面技术交底，导致现场高支模搭设时无方案可依。

建设工程重大危险源监管失控。高大模板支撑系统属重大危险源，但项目施工现场重大危险源公示牌上没有高大模板支撑系统内容公示，没有高大模板支撑系统重大危险源申报资料，没有自检、互检记录。在企业《重大危险源登记表》中没有高大模板支撑系统重大危险源评、控台账及制定监控措施，也没有向当地建设工程安全监督机构报备。

施工现场钢管、扣件质量把关不严。高大模板支撑系统施工所用的钢管和扣件，没有采购需求计划和租赁计划；在租赁合同中，没有租赁钢管和扣件的规格和型号；对租赁钢管和扣件的产品出厂合格证、生产许可证以及检验报告，没有进行进场验收，也没有检测记录，致使不符合质量标准的钢管和扣件进入施工现场。

施工现场项目部应急管理失控。在浇筑该项目售票大厅屋盖混凝土时，木工班组长指派的在高大模板支撑系统下值班的2名木工没尽到看护职责，没有及时发现安全隐患，没有采取有效的防范应急措施，直接造成事故伤亡人数扩大的后果。

4）劳务分包企业未履行合同约定，未派劳务作业人员现场组织施工。

现场负责人为帮助建设单位取得施工许可证，找其朋友的劳务公司法定代表人帮忙，借用劳务公司资质与施工单位签订劳务分包合同。该劳务公司为现场负责人非法取得建筑施工许可证和非法生产提供了便利条件（现场负责人未要求劳务公司派劳务作业人员进场施工，劳务公司未收取现场负责人管理费用）。

5）监理单位没有完全履行监理职责。

中标监理企业放任其违规行为，任命不具备任职资格的人员履行总监职责实施现场监理，导致现场监理混乱。

监理人员没有有效履职。监理单位为非独立法人机构，在承接到周口综合客运总站站务楼项目监理业务后，安排副经理组织人员进场实施监理，违反有关规定任命不是监理单位的人员为总监理工程师，2个月后又变更为不具备总监资格的人员为总监理工程师。在实际监理中，未对现场施工项目部人员资格进行审查，没有明确对重要部位高大模板支撑系统施工过程审核、检查，没有对进场钢管和扣件进行检查，没有对高大模板支撑系统搭设严格把关，在明知没有高支模专项方案的情况下，没有制止施工单位进行高支模施工，没有下达停工令，也没有向建设主管部门报告。

6）设计单位对设计项目涉及施工安全的重点部位忽略描述和交底。

周口综合客运总站站务楼售票大厅设计为高大结构，售票大厅高大模板支撑系统是本工程涉及施工安全的重点部位，设计单位在设计图纸的建筑结构设计说明中，没有对涉及施工安全的重点部位和环节在设计文件中特殊注明；无设计书面交底。

3. 事故处理

（1）事故责任单位处理建议

1）对建设单位处以经济处罚。

2）对建设工程质量安全监督站向市住建局写出书面检查，并通报全市。

3）对施工单位、监理单位没收该公司违法所得，列入不良记录，清除出当地建筑市场5年。

（2）事故责任人处理建议

1）对建设单位总经理助理移交司法处理，建议给予其开除公职、开除党籍处分。

2）对监督部门相关责任人给予党内严重警告处分和撤职处分。

3）对施工单位项目经理、安全员吊销建筑行业从业资质并移送司法机关。

4）对监理单位具体负责人及项目总监移交司法机关处理，吊销监理员建筑业从业资格。

1.1.2 案例二 江西省德兴市"2·6"模架坍塌事故（2013）

1. 事故简介

2013年2月6日20时37分，德兴市会展及演艺中心工程项目建筑工地发生一起高支模坍塌事故，造成4人死亡、7人受伤，直接经济损失近500万元。

德兴市会展及演艺中心是集剧院、会议中心、规划展示厅等功能为一体的德兴市重点建设项目，总占地面积 $17000m^2$。

2012 年 3 月，施工单位中标后与专业分包单位签订了施工合同，并成立"施工单位德兴市会展及演艺中心工程项目部"，因该项目需要垫资，于是项目实际投资人参与该项目的施工建设。2012 年 6 月 18 日，项目实际投资人将该工程项目中高支模架搭设部分以包清工的方式转给了个体老板，个体老板又将该工程项目中高支模架搭设部分转包他人。德兴市会展及演艺中心工程于 2012 年 4 月 6 日举行了项目奠基仪式，施工单位正式进场进行开工前期的各项准备工作，2012 年 5 月底正式破土动工，2013 年 1 月屋面主体机构封顶。

2. 事故原因

（1）直接原因

1）德兴市会展及演艺中心观众入口大厅高支模架现场搭设立杆的承载力不能满足受力稳定承载力的要求，高支模立杆稳定承载力不足。

2）未按专项方案进行高支模搭设，违规盲目施工。

3）楼面浇筑混凝土未按浇筑方案的施工程序进行浇筑，在两个柱子没有先浇筑的情况下，进行大面积浇筑，混凝土临时集中堆积过多，引起局部荷载的增加，加速支撑体系不安全因素的增多，致使支撑体系失稳垮塌。

（2）间接原因

1）施工单位内部安全管理严重缺位。工程项目质量安全管理检查督促不到位，派出的项目经理、技术负责人、施工员不到位，对施工人员违章违规施工熟视无睹，自查自纠不到位，对存在的安全隐患整改不力。违法将工程项目层层分包、转包给无施工资质的个人施工，违规操作，对施工人员未进行岗前安全教育，雇佣无资质人员进行施工。有关施工建设的规章制度不落实、不执行，无视施工人员在没有专项方案的情况下搭设高支模。现场管理严重失控，相关人员安全意识淡薄、心存侥幸、不认真履行职责，技术把关不严不细，现场技术指导缺位，对违规操作视而不见，不尊重科学、抢时间、赶进度、盲目蛮干。

2）个体承包者只重视生产不重视安全。作为承包高支模搭设工程的个体老板，法律意识淡薄，为追求利益，将承包的工程又以包清工的方式转包给无资质的他人，导致该工程多次被分包、转包，无法实施有效管理。

3）工程施工监理严重失职。监理单位对施工单位层层分包、转包的行为未予以纠正，对该公司聘用无资质人员以及严重违规违法施工行为视而不见。对该项目工地日常监理不到位，现场监理人员不认真履行监理职责，不执行监理制度，在高支模专项方案没有通过专家论证，施工单位仍在施工的情况下，虽然口头向施工方提出意见，但没有向施工方发出书面停工指令，也没有向相关部门及时报告，以便采取更进一步的措施进行制止。

4）德兴市建设局建设工程安全监管站、工程质量监管站安全监管不到位。安监站、质监站安全检查不深入、不仔细，对发现的安全问题虽然采取了措施，但措施力度不大，对该工程存在的转包、无资质和无高支模专项施工方案进行施工、监理单位履行职责不到位等情况制止不力。

德兴市建设局对该项目安全生产监督管理工作重视不够，工作力度不大，对中标单位违规将工程转给无资质个人施工未采取有效制止。督促检查不力，对该项目工地存在的安全问题未采取有效的手段予以解决。

5）专业分包单位违反了《中华人民共和国建筑法》第七条规定，在尚未取得施工许可证的情况下于2012年4月开工建设（该项目在2012年10月18日取得施工许可证）。对重点项目管理职责不清，分工不明，在高支模专项方案没有通过专家论证，而且施工方未按专项方案搭设高支模及进行楼面浇筑的情况下，没有采取有效措施加以制止。

6）德兴市政府贯彻落实国家有关建筑安全生产法律法规和省有关安全生产工作的规定要求不力，对有关部门未认真履行职责的问题监督检查不到位，对施工企业违规施工和安全问题失察。

3. 事故处理

（1）事故责任单位处理建议

1）对施工单位、监理单位停止在上饶市建筑市场的经营活动1年。

2）专业分包单位进行经济处罚。

（2）事故责任人处理建议

1）项目技术负责人、高支模搭设负责人移交司法机关依法处理。

2）吊销总监理代表职业资格证书、移交司法机关依法处理。

1.1.3 案例三 福建省龙海市"4·1"桥梁模架坍塌事故（2013）

1. 事故简介

2013年4月1日20时19分许，龙海市港尾镇建筑施工工地景观路桥工程在桥梁混凝土浇筑过程中发生坍塌，造成3人死亡、4人受伤的较大事故。

2012年11月，建设单位与施工单位签订《原石滩度假社区一期道路、桥梁工程施工合同》。同月，施工单位施工项目部开始组织道路、桥梁工程桩基施工，后因地质问题通过设计变更，改为大承台基础，并完成桥墩施工。2013年1月27日，施工单位开始搭设B桥桥梁模板支撑架。2013年1月31日完成支撑架搭设。2013年2月1日至2日，施工单位组织铺设模板。春节期间该工程停工。2013年2月下旬，施工项目部组织工人对模板进行调整并安排钢筋绑扎。2013年3月31日，施工项目部向供货商订购了250m³的C40混凝土，安排次日浇筑混凝土。

2013年4月1日9时00分左右，施工单位开始组织B桥浇筑桥梁混凝土施工，模板班组派人对模板支撑系统进行观测。14时左右，模板支撑顶托出现松动，施工项目部停止浇筑混凝土，组织模板班组工人加固模板支撑。16时左右，在模板支撑加固工作尚在进行的情况下，施工项目部恢复混凝土浇筑作业直至事故发生。20时19分左右（消防大队于20时19分接到报警电话并出警），混凝土累计浇筑240m³左右，桥梁突然发生坍塌，造成桥下正在加固模板支撑的3名工人死亡、1名工人受伤，桥上混凝土班组3名工人受伤。

2. 事故原因

（1）直接原因

该工程模板支撑采用扣件式钢管支撑体系，立杆间距800×800mm，步距1800mm，顶层自由端为800mm，支撑高度在6~7m，支撑搭设过程无专项施工方案指导，施工单位凭建房的经验搭设。该模板支撑属超跨、超重的高大模板工程，方案应经专家论证。经计算，单根立杆承受荷载达1.6~3.0t，远超钢管稳定承载力。桥梁施工规范和设计文件均要求支撑体系应采用1.05~1.2倍的荷载预压后方可上荷载继续施工，但该项目未做预压。2013年4月，福建省建筑科学研究院对该事故工程进行技术鉴定，并出具《原石滩度假社区一期工程B桥模板支撑架坍塌原因分析报告》，阐明该模板支撑架坍塌的原因：

1）满堂支撑架立杆稳定性承载力不满足规范要求。

2）纵横向水平杆搭接、局部低洼区域扫地杆布置、剪刀撑布置、架体顶部托撑等支撑架构造不满足规范要求。

3）扣件施工质量与性能抽检结果表明，该支撑架的扣件连接螺栓存在施工拧紧扭力矩不足、直角扣件扭转刚度性能不符合标准要求的现象。

4）坍塌的模板支撑架基础位于不利排水、易积水潮湿的低洼地势，地质勘察报告和现场调查表明立杆基础垫层下部地基土层为粉质黏土，事发前期历经数次降雨，分析表明，亦不排除立杆地基土受潮软化对架体承载性能的不利影响。

经事故调查组专家小组综合分析，造成该事故发生的直接原因是：施工单位违规在模板支撑加固工作同时浇筑混凝土，桥梁模板满堂支撑架承载力严重不满足规范要求，导致桥梁模板支撑体坍塌时将加固班组工人压死。

（2）间接原因

1）施工单位企业主体责任不落实。施工单位系原石滩度假社区一期道路、桥梁工程的施工单位。该公司在原石滩度假社区一期道路、桥梁工程建设中，涉嫌违反《中华人民共和国建筑法》《建设工程安全生产管理条例》（国务院393号令）、《福建省建设工程安全生产管理办法》（福建省人民政府令第106号）等相关的法规。安全生产管理制度虽有建立但未落实，安全培训教育不到位，企业主要负责人、项目主要负责人、施工人员等安全意识薄弱。未安排项目经理实际参与施工管理活动（项目经理须持注册建造师二级以上的资格），现场负责人（只取得助理工程师资格，未取得注册建造师资格）未取得相应的项目经理执业资格，现场施工员未持岗位证书，技术和管理力量相当薄弱，现场管理人员多数不是本公司固定职工。在原石滩度假社区一期道路、桥梁工程施工图未经审查合格、无《建设工程规划许可证》、未办理工程质量监督手续、无《建筑工程施工许可证》的情况下，违规进场施工。B桥的模板支撑方案未组织专家论证，仅凭经验确定模板支撑搭设方案及加固方案，搭设完成后未按规范要求进行预压堆载，盲目组织施工。未依照规范标准要求，在B桥的混凝土、外脚手架、钢筋、模板完成后未向建设单位申报验收，就擅自进入下一道工序施工。对B桥施工安全生产检查和隐患排查流于形式，4月1日14时左右事故桥梁模板支撑顶托出现松动，未按操作规程处置。4月1日18时左右，在组织B桥桥面浇筑混凝土的同时组织人员加固桥底顶托，严重违章指挥、违章操作，最终导致事故发生并造成严重后果。上述问题是导致事故发生的重要原因之一。

2）建设单位企业主体责任不落实。公司系原石滩度假社区一期道路、桥梁工程的建设单位。该公司在原石滩度假社区一期道路、桥梁工程建设违反了《中华人民共和国建筑法》《中华人民共和国城乡规划法》《建设工程质量管理条例》《福建省建设工程安全生产管理办法》（福建省人民政府令第106号）、《福建省实施〈中华人民共和国城乡规划法〉办法》等相关的法规。开工前，未按照国家有关规定办理施工图审查、未办理《建设工程规划许可证》、未办理工程质量监督手续、未申请领取施工许可证。在原石滩度假社区一期道路、桥梁工程无《建设工程规划许可证》《建筑工程施工许可证》的情况下，规避监管部门监管，违规组织施工单位进场施工。未配备安全管理机构、人员，未落实本单位的安全教育培训、安全隐患排查整治等安全管理制度。只注重工程进度，忽视安全管理，在原石滩度假社区一期道路、桥梁工程没有委托监理的情况下，未设置专职机构、人员对B桥施工质量安全进行监管，对项目施工单位落实安全生产工作监督不到位；当B桥浇筑混凝土出现顶托松动的情况，未及时有效制止施工单位继续施工，对于施工边浇筑混凝土边组织人员加固桥下顶托的违章行为没有制止，造成严重隐患。上述问题是导致事故发生的重要原因之一。

3）行政主管部门监管还不够到位。依照有关法律法规和龙海市编办的"三定"方案，龙海市城乡规划建设局对本行政区域内的建设工程质量和安全生产实施监督管理，日常巡查主要由其所属的工程质量监督站和安全生产监督管理站，按各自职能负责对辖区内新建、扩建、改建房屋建筑和市政基础设施工程质量、安全生产实施监督检查。2012年元月以来，龙海市城乡规划建设局就多次以不同方式组织对辖区内工程项目施工现场进行检查。先后下发了《关于印发〈龙海市集中开展建筑施工安全生产"打非治违"专项行动实施方案〉的通知》（龙建综［2012］038号）、《关于国庆节期间组织开展全市建设工程质量安全生产大检查的通知》（龙建综［2012］161号）、《关于元旦、春节"两节"期间组织开展全市建筑工程质量安全和农民工资制度执行情况综合检查情况的通报》（龙建综［2012］263号）、《关于切实做好2013年元旦、春节期间安全生产工作的通知》（龙建综［2012］280号）、《关于元旦、春节"两节"期间组织开展全市建筑工程质量，安全和农民工资制度执行情况综合检查情况的通报》（龙建综［2013］012号）、《关于贯彻落实〈省政府安委办关于切实做好全国两会期间安全生产工作的通知〉的通知》（龙建综［2013］015号）等文件，重点对建设单位履行工程项目管理职责，施工现场项目经理、总监到岗履职，建设、勘察、设计、施工、监理等各方责任主体执行安全生产有关法律法规和工程建设强制性标准情况进行检查。事故发生后，龙海市城乡规划建设局立即于4月2日对施工单位、福建省冶金工业设计院发出《责令停工通知书》（龙建工停［2013］403号），责令暂停施工，全面落实整改措施。4月3日又印发《关于立即开展全市建筑施工安全生产大检查的通知》（龙建综［2023］051号）和《关于立即组织开展全市排查制止违法建设的通知》（龙建综［2013］052号），对全辖区内建设工程施工现场进行全面检查。上述情况表明，龙海市城乡规划建设局及所属质量、安全监管机构，尚能按要求组织对辖区内的建筑工程实施质量、安全检查。其中，该局建设工程质量监督站监督员等人于2013年1月23日、2月3日、3月12日先后3次对原石滩度假社区一期项目中的低层10号、11号、12号、7号、8号、9号楼和钢筋安装分项——柱（剪力墙）、梁板钢筋安装等项目进行检查。该局建筑安全监督管理站负责人带队于2013年1月8日对原石滩社区一期项目中的已报批在建工程中危险性较大的高层建筑进行检查。但是，管理站负责人等人在日常质量、安全检查工作中，只注重对已报备项目的监督检查，对施工区域内的其他在建工程项目没有进行检查，以致B桥违建项目未能及时发现，存在监管不到位的问题。

3. 事故处理

（1）事故责任单位处理建议

对建设单位和施工单位处以行政处罚。

（2）事故责任人处理建议

1）对建设单位现场工程师予以降职处分。

2）对施工单位项目经理、施工员予以撤职处分。

3）对建筑工程质量监督管理站负责人、监督员给予行政警告处分。

1.1.4 案例四 福建省福清市"6·2"模架坍塌事故（2013）

1. 事故简介

2013年6月2日13时45分，施工单位浇筑位于福清市镜洋镇的6号车间工地在三层屋面环四周混凝土时，发生支架及模板坍塌事故，造成4名工人死亡、5人受伤。

2013年6月2日8时开始，混凝土班组在6号车间工地浇筑三层屋面环四周混凝土时，先后浇筑构架西侧、北侧、东侧的横梁和柱子，由混凝土公司派遣泵工驾驶泵车到现场配合浇筑。13时45分，混凝土班组工人9人站在同一根横梁上进行构架东侧的横梁和柱子浇筑时，支架及模板突然坍塌，4人送医院经抢救无效死亡，5人受伤。

2. 事故原因

（1）直接原因

施工单位6号车间三层屋面环梁模板支撑体系未经设计计算，环梁下两根横向立杆其中一根设在梁下，另一根设在梁外1.2m处，造成偏心受力，同时环梁与柱子同时浇筑，未采取与结构拉结措施，架体未设置剪刀撑，且立杆自由端高度远超规范要求，架体整体稳定性不满足要求，在梁自重和施工荷载下架体倾覆是本起事故发生的直接原因。

（2）间接原因

1）施工单位利用建设单位资质获取施工许可，直接与脚手架、钢筋、混凝土、模板班组个人签订承包合同，主导施工现场的施工。未经设计、审查，自行增设6号车间的三层屋面环四周钢筋混凝土构架，未做安全技术交底且过程管理失控。

2）建设单位与施工单位签订《建设工程施工合同》后，未及时跟踪施工单位6号、7号车间工程有关情况，导致该工程由施工单位自行组织施工。

3）福清市建设行业主管部门对施工单位6号车间工程日常质量、安全监管不到位，对施工单位自行变更设计的施工违规行为查处不力，未及时发现、制止施工单位自行增设6号车间的三层屋面环四周钢筋混凝土构架的违规行为，未及时发现该工地项目经理等管理人员不在岗履职、下达的执法文书均由他人代签、冒签的违规行为。

4）福清市镜洋镇政府对施工单位6号车间工程日常安全监管不到位，未及时发现、制止施工单位施行增设6号车间的三层屋面环四周钢筋混凝土构架的违规行为。

3. 事故处理

（1）事故责任单位处理建议

对施工单位予以行政处罚。

（2）事故责任人处理建议

对施工单位法定代表人、现场技术负责人、模板工程承包人移送公安机关依法处理。

1.1.5 案例五 广东省广州市"5·13"模架坍塌事故（2014）

1. 事故简介

2014年5月13日8时15分，广州市临桂县六塘镇人民政府公租房项目（以下简称"六塘镇公租房项目"）正在浇筑的顶层楼梯间天面坍塌，事故造成5人死亡、2人受伤。

2014年4月28日，六塘镇公租房项目施工队开始北侧楼梯间屋面板模板安装。5月6日，完成模板安装作业，在未履行模板工程、钢筋工程申报验收手续情况下，项目施工实际承包人未通知现场旁站监理，即安排楼梯间屋面板混凝土浇筑作业。5月13日5点30分，商品混凝土泵车到达项目工地开始架泵作业。7点30分，混凝土运输车达到工地。8时许，混凝土施工组开始混凝土浇筑作业，此时，在楼梯间屋面板的总共有9人，浇筑采用梁板柱同时浇筑的方式进行，楼梯间屋面板浇筑从天沟开始。8时10分，承包人下楼与混凝土泵车司机进行沟通，同时安排混凝土工到楼梯间屋面板负责测量混凝土厚度。8时15分，当浇筑完天沟，进行天沟挡板及框架柱浇筑时，发生了屋面板模板整体倒塌，在楼梯间屋面板作业的9人中，站在内侧的泵车司机和负责测量混凝土厚度的混凝土工2人从楼梯间屋面板跳到顶层大屋面脱险，木工及混凝土工总共7人从楼梯间屋面板坠落至地面，事故共造成5人死亡、2人受伤。

2. 事故原因

（1）直接原因

经调查组认定事故直接原因为：楼梯间屋面板的模板支撑系统搭设不符合规范要求，不合理的混凝土浇筑流程，导致在施工荷载的作用下，模板支撑系统局部失稳引起屋面坍塌。

专家组出具的《关于临桂县六塘镇"5·13"事故有关技术专项分析》对模板系统不符合相关规范要求的内容进行了详细阐述。

（2）间接原因

1）施工单位安全生产主体责任不落实，施工管理混乱，违法出借资质，将项目交给不具备资质的非公司人员承包人负责施工管理。违规安排项目经理（身兼多个项目的项目经理），实际上未安排项目技术负责人、施工员、质检员、安全员等人员在该工程中从事施工管理。

项目相关技术方案不全，未履行相关报验手续违规组织混凝土浇筑作业。项目无针对楼梯间屋面板处的模板搭设方案，无外脚手架的搭设方案，楼梯间屋面板的模板安装及钢筋绑扎无技术交底，施工完后没有向监理公司报验，无混凝土浇筑作业指导书，项目实际承包人违规组织楼梯间屋面板混凝土浇筑作业。

2）项目监理单位履行建设工程安全生产管理职责不到位。项目总监未认真履行项目监理职责，旁站监理人员无监理资质，对危险性较大的分部分项工程施工方案没有提出编制审查要求，未及时发现不符合标准搭设的模板支撑系统的重大安全隐患，旁站监理不到位，现场施工监管失控。

3）六塘镇人民政府作为项目业主，未对施工单位、监理单位资质问题进行严格把关，导致无资质人员进场施工、现场监理，对项目现场管理混乱问题失察。镇政府履行安全生产"属地管理"职责不到位。

4）临桂县建筑质量监督站对项目参建各方责任主体的行为和责任人是否履职进行监管不到位，未及时发现项目工程质量、施工过程及人员方面存在的安全隐患。

5）临桂县住建局作为该建筑工程项目的组织实施部门及行业主管部门，对建筑工程各方主体的实施行为监管不到位，对各方主体安全生产责任落实及项目施工现场监管不到位，对项目的组织实施混乱问题监管不力。对施工单位违规出借资质组织施工问题失察。对建设工程安全生产检查、安全隐患排查工作组织领导不力，尤其是对乡镇工程项目监督检查存在薄弱环节。

6）临桂县人民政府督促指导临桂县住建局、临桂县建筑质量监督站履行建筑行业安全监管职责不到位。

3．事故处理

（1）事故责任单位处理建议

1）对施工单位由市住建部门依法对其资质处理。

2）对监理单位进行行政处罚。

（2）事故责任人处理建议

1）对项目实际承包人、项目总监由公安机关依法追究其刑事责任。

2）对施工单位副经理给予留用察看处分。

3）对县人民政府副县长给予行政警告处分，镇人民政府镇长、县住建局局长给予行政记过处分。

1.1.6　案例六　湖南省湘乡市"7·9"外脚手架坍塌事故（2014）

1. 事故简介

2014 年 7 月 9 日 15 时 10 分左右，湘乡市东山新城市行政中心项目工地发生一起脚手架较大坍塌事故，造成 3 人死亡、2 人轻伤，直接经济损失约 222 万元。

2014 年 7 月 9 日 13 时 30 分左右，湘乡市行政中心项目装饰分包单位幕墙玻璃班组长安排本班组安装玻璃，在该楼南面 3 楼高的外架上进行清洁玻璃工作。14 时左右，劳务公司架子班组长带领作业人员开始拆除主办公楼南面剩余的脚手架（负一层至 6 楼）；施工单位安全员到脚手架拆除现场负责安全警戒工作。15 时 10 分左右，当脚手架拆至 5 楼到 4 楼之间时（约 16～12m 高），脚手架突然产生晃动，随即向外倾倒，5 名作业人员随同脚手架倾倒至地坪上。

2. 事故原因

（1）直接原因

劳务公司架子班组长带领作业人员，在行政中心项目主办公楼负一层以上的所有连墙件已被截断或拆除的情况下，违章冒险拆除该楼南面剩余的脚手架（负一层至 6 楼）；装饰分包单位幕墙玻璃工违反公司规定，在外架上作业。当整片脚手架承受作业人员和堆放的已拆除架管和扣件的荷载时，脚手架产生晃动、失去稳定而倾覆，是事故的直接原因。

（2）间接原因

1）劳务公司安全生产主体责任不落实。一是与幕墙施工作业人员在同一区域脚手架上施工，未签订安全生产管理协议或指定专职安全管理人员进行安全检查与协调；未健全落实安全生产责任制，架子班组与作业人员没有签订安全责任状。二是现场安全管理不到位，事故当天，安全管理人员在脚手架拆除过程中，没有及时发现脚手架连墙件被提前拆除的重大安全隐患，隐患排查工作不到位；也没有督促作业人员对待拆除脚手架进行安全检查。三是安全教育培训不到位，没有按照安全生产法律法规的规定对从业人员进行安全培训教育，现场作业人员违章冒险作业的行为时有发生。

2）装饰分包单位安全生产主体责任不落实。一是没有制定安全生产检查、隐患排查等安全管理制度；没有督促该项目部建立健全安全生产责任制；与架子工在同一区域脚手架上施工作业，没有签订安全生产管理协议或指定专职安全管理人员进行安全检查与协调。二是现场安全管理不到位，安全管理人员没有发现脚手架连墙件被拆除等安全隐患，隐患排查工作不到位；三是没有按照安全生产法律法规的规定对从业人员进行安全培训教育，从业人员缺乏必要的安全知识。四是私刻公章，冒用资质报备，超越本单位资质等级承包了行政中心项目的全部幕墙施工。

3）施工单位安全生产主体责任不落实。一是没有督促在同一区域施工作业的分包方签订安全生产管理协议。二是现场安全管理不到位。事故当天，安全管理人员没有及时发现脚手架连墙件被提前拆除的重大安全隐患；也没有督促劳务公司、装饰分包单位在脚手架拆除前进行安全检查，及时排查重大安全隐患，隐患排查工作不到位。三是安全教育培训不到位，安全管理人员缺乏必要的安全专业管理技能，未能及时排查作业现场安全隐患。四是对行政中心项目幕墙施工分包单位的资质审核不严，将该项工程发包给不具备相应资质的分包单位装饰分包单位。

4）监理单位安全责任落实不到位。一是现场监理人员发现的脚手架连墙件被拆除后未采取加固措施、没有及时督促装饰分包单位整改到位，也没有及时报告建设单位。二是对危险性较大的脚手架拆除施工，没有安排旁站监理。三是对施工分包单位的资质审查不严。

5）参建单位的安全生产工作统一协调管理不力。

6）湘乡市住房和城乡建设局及其安监站对湘乡市行政中心工程项目的建设单位、装饰分包单位、监理单位安全监管不到位。

3. 事故处理

（1）事故责任单位处理建议

1）对施工单位给予行政处罚，暂扣安全生产许可证。

2）对分包单位给予行政处罚。

3）对分包单位给予经济处罚。

（2）事故责任人处理建议

1）对施工单位项目负责人、项目经理、分包单位法定代表人移送司法机关。

2）对施工单位安全副经理、安全员、分包单位安全负责人给予经济处罚。

3）对监督单位相关负责人给予行政处分。

1.1.7 案例七 江西省吉安市"10·20"模架坍塌事故（2014）

1. 事故简介

2014年10月20日13时30分许，吉安市新干嵘源国际度假酒店工程建筑工地在浇筑大堂屋面混凝土过程中，发生一起高大模板支撑系统坍塌事故，造成6人死亡、6人受伤。

2. 事故原因

（1）直接原因

1）高大模板支撑架体搭设不规范，立杆间距拉大和水平杆搭设混乱纵横不交汇、步距节点不符合要求，造成架体立杆承载力大幅降低，同时水平剪刀撑、竖向剪刀撑未设置，且架体未按方案要求与主体结构拉结等，致使架体刚度不足，导致架体基础在失去支撑后瞬间整体坍塌。

2）高大模板支撑区域一层楼板（地下室顶板）后浇带未按设计、方案要求及时浇筑；后浇带下部回顶支撑不符合规范及方案要求。使架体支撑基础的梁板构件承载力不能满足上部架体和施工荷载，导致混凝土梁板坍塌，使得上部高大支模基础失去支撑，造成架体整体失稳坍塌。

（2）间接原因

1）建设单位安全生产主体责任不落实，对建设施工项目安全生产管理混乱，违规发包工程。新干嵘源国际度假酒店工程监理和施工均未采用招标方式，直接将工程监理委托给监理单位，将工程施工违规发包给他人。在未办理《建筑工程施工许可证》、安全和质量监督手续、未签订《建设工程施工合同》等情况下，违规开工建设；在工程项目施工过程中，对项目施工单位、监理单位落实安全生产措施监督不到位，对施工现场存在的事故隐患督促整改不力。上述问题是导致事故发生的重要原因之一。

2）施工单位超越本单位资质等级承揽工程，安全生产主体责任不落实，安全生产管理混乱，未对该在建工程进行安全监督检查，未与该在建工程施工项目部签订安全生产责任书，导致该工程施工项目部安全生产主体责任不落实，未建立安全生产规章制度，职工教育培训不到位，安全检查不到位，安全措施不落实、现场安全管理混乱，未按规定要求对项目作业班组、作业人员进行安全技术交底，违规组织施工，违章指挥，安排无建筑架子工操作资格证书的人员从事支撑架搭设作业，致使高大模板支撑系统未按相应规范和专项方案要求进行搭设，对存在的重大事故隐患未能及时消除，在高大模板支撑系统未通过验收的情况下，违规进行钢筋安装和混凝土浇筑。上述问题是造成这起事故的主要原因之一。

3）监理单位未履行监理单位的职责，未依照法律、法规和工程建设强制性标准实施监理；公司安全生产主体责任不落实，内部管理混乱，聘用不具备岗位执业资格的人员担任现场监理人员，对监理部管理、指导不到位；安全管理制度不落实，在项目无《建筑工程施工许可证》和未取得《中标通知书》的情况下，违规进场监理；在进场后，未按照《建设工程质量管理条例》（国务院令第279号）、《建设工程安全生产管理条例》（国务院令第393号）、《危险性较大的分部分项工程安全管理办法》（建质［2009］87号）、《建设工程高大模板支撑系统施工安全监督管理导则》（建质［2009］254号）和《建设工程监理规范》GB/T 50319—2013等有关法律、法规和工程建设强制性标准的规定要求实施监理，督促相关单位对高大模板支撑系统进行验收；项目总监长期不在岗；对项目施工和高大模板支撑系统巡视检查和隐患排查流于形式，旁站监理不到位，现场施工监管失控，对不符合相应规范和专项方案要求搭设的高大模板支撑系统以及违规进行钢筋安装和混凝土浇筑，既不制止或提出整改要求，也不向有关单位报告，以致未能及时消除高大支模架搭设和地下室顶板回顶支撑存在的重大事故隐患。上述问题是导致事故发生的主要原因之一。

4）新干县城乡建设局未认真履行安全、质量监督管理责任，虽然对全县建设工程安全隐患排查、安全生产检查工作进行了部署，但对开展"七打七治"打非治违专项行动和建筑施工预防坍塌事故专项整治"回头看"组织领导不力，监督检查不到位；新干县建筑施工管理站和新干县建设业安全生产监督管理站领导、指导和监督不力。在该项目未办理招投标、施工许可、工程质量和安全监督手续，未签订《建设工程施工合同》等情况下，未能采取有效措施制止非法违规施工，对参建各方安全监管不到位，对工程事故隐患排查工作贯彻执行不力，未能及时有效督促参建各方认真开展自查自纠和整改，以致高大支模架搭设和地下室顶板后浇带回顶支撑存在的重大事故隐患未及时消除。上述问题是导致事故发生的重要原因之一。

3. 事故处理

（1）事故责任单位处理建议

1）对建设单位、施工单位给予行政处罚。

2）对监理单位降低资质等级处罚。

3）对县政府向市政府作出书面检查。

（2）事故责任人处理建议

1）对施工单位法定代表、项目经理、施工员、监理单位总监理工程师、监理工程师移交司法机关依法追究其法律责任。

2）对监督单位相关责任人给予政纪处分和撤职处分。

1.1.8 案例八 宁夏盐池县"11·20"模架坍塌事故（2014）

1. 事故简介

2014年11月20日12点40分左右，由建设单位承建的南苑供热站工程在浇筑七层（高28.5m）H轴/⑨-⑫轴、⑫轴/G-H轴间框架梁、柱过程中，梁下模板支撑体系失稳，导致七层正在浇筑的混凝土梁、柱向内侧倾倒，致使内脚手架上的6名作业人员从28.5m高的作业面坠落，造成3人死亡、1人重伤、2人轻伤，直接经济损失约284万元。

2. 事故原因

(1) 直接原因

经现场勘验、物证鉴定，结合对相关人员的询问笔录，认定这起事故的直接原因为：施工企业违规搭设梁、柱模板支撑架体，稳定性差，导致浇筑混凝土梁、柱模板支撑架坍塌，引起梁、柱模板支撑架及内侧双排脚手架向内侧倒塌。

(2) 间接原因

1) 业主单位在未办理施工许可手续的情况下违规开工建设，对工程项目综合协调不到位，对施工单位、监理单位安全管理中存在的问题未及时协调处理，且在建设行政主管部门三次责令要求全面停工的情况下，仍然强行施工，且派驻现场项目负责人对施工单位和监理单位违章作业不及时制止，是导致本次事故发生的原因之一。

2) 建设单位在盐池县建管站 7 月 31 日、9 月 9 日对该工程先后下发了停工通知书后，拒不执行监察指令，不认真整改。同时县住房和城乡建设局于 11 月 12 日又下发了《关于加强冬季停工施工现场质量及安全管理的通知》(盐建发 [2014] 231 号)，要求全县所有在建工程于 11 月 15 日全面停工，但为赶工程进度仍然继续施工，是造成本次事故发生的原因之一。

3) 施工单位对危险性较大模板分项工程管理不到位，在监理单位要求模板专项方案需专家论证审查、两次下发停工整改的情况下，未认识到其危险性，盲目组织施工。同时，公司编制的模板专项施工方案未履行模板专项方案论证审查程序，模板支架未验收，未取得《混凝土浇筑申请》(此表为混凝土浇筑前，施工单位自检合格后填写，上报监理单位确认后，方可浇筑混凝土的专用表)，擅自施工是造成本次事故发生的原因之一。

4) 施工单位在未取得施工许可证 (未办理质量、安全报监手续) 的情况下擅自施工，施工现场不按规定为作业人员配备安全带防护用具，施工现场主要负责人违章指挥、施工人员违反操作规程违章作业，是造成本次事故发生的原因之一。

5) 施工单位将该工程违法转包给个人施工。经调阅该项目工程款支付凭证，发现总承包单位收取工程款后，扣除 1.5% 的管理费再将工程款拨付给该项目实际负责人个人账户。该项目中标项目经理 (二级建造师)、质检员无缴纳社保证明，未在现场履行管理职责。按照《建筑工程施工转包违法分包等违法行为认定查处办法 (试行)》(建市 [2014] 118 号) 第七条第四款、第六款的规定，可以认定为违法转包。这也是造成本次事故发生的原因之一。

6) 监理单位现场监理不到位，现场监理人员同标书所列人员不相符，专业监理人员对模板专项施工方案未履行论证和审查程序，施工单位冒险作业时，监理人员未及时制止，也未向建设单位和建设行政主管部门报告，默认其施工，也是造成本次事故发生的原因之一。

7）县住房和城乡建设局及下属建管站执法人员虽然分别于 2014 年 7 月 31 日和 2014 年 9 月 9 日对项目工程进行了现场执法检查，并对发现的违法违规问题和质量安全隐患当场下达了《停工整改通知书》，于 2014 年 11 月 12 日又下发《关于加强冬季停工施工现场质量安全管理的通知》，但对整改情况未进行复查，也未进行行政处罚，督促施工单位消除安全隐患，也是造成本次事故发生的原因之一。

3. 事故处理

（1）事故责任单位处理建议

1）对建设单位处以经济处罚。

2）县住房城乡建设局向人民政府作出深刻书面检查，同时抄报自治区安监局、住房城乡建设厅备案。

3）对施工单位、监理单位处以经济处罚。由建设行政主管部门对其房屋建筑工程监理资质进行处罚。

（2）事故责任人处理建议

1）对施工单位现场负责人，施工单位项目经理和监理单位总监代表移交司法机关，依法追究其法律责任。

2）对建设单位原法定代表人、现法定代表人、副总经理给予政纪处分和撤职处分。

3）对监督单位相关责任人给予党纪政纪处分。

1.1.9 案例九 河南省信阳市"12·19"模架坍塌事故（2014）

1. 事故简介

2014 年 12 月 19 日 16 时 30 分许，河南省信阳市光山县幸福花园项目 2 号楼附楼 1 号商铺在进行混凝土浇筑施工过程中发生模架体系整体坍塌事故，造成正在作业的 5 人死亡、9 人受伤，直接经济损失约 450 万元。

2014 年 12 月 19 日 7 时，施工单位组织木工开始对模板支架进行加固。9 时许，监理验收完顶层模板、钢筋，同意浇筑。10 时许，混凝土开始浇筑。混凝土的浇筑顺序是从东北角开始由北往南整体推进。在浇筑的同时，楼内木工正在继续加固模板支架、搭设剪刀撑。

13 时 30 分许，施工员发现 1 号商铺东北角柱子向东倾斜，立即打电话告知木工，10 多分钟后施工员到达现场，安排木工对模板支架进行加固。14 时许，技术负责人察看了楼体整体倾斜的情况，立即电话通知技术员等相关人员赶到现场，安排木工用倒链对东北角柱体进行校正，没有效果。随后，安排用挖掘机对楼体进行校正，但仍然没有取得效果。

14时30分许，实际控制人、施工、监理三方人员陆续赶到现场。监理不同意用倒链和挖掘机校正楼体，要求立即拆除重建。14时50分，监理在电话里找施工方采取措施处理，并向开发商汇报情况，没有提出具体的处理意见。

为了减少损失，施工管理人员打算将混凝土清除掉，冲洗干净，钢筋还可以再利用。随后安排混凝土工到楼顶铲掉混凝土，安排木工在楼下将柱子模板全部拆掉，然后由混凝土工用水将钢筋上的混凝土冲洗掉，要求调集人手充实力量，加快工作进度，当天必须完成拆除清理工作。劳务带班意识到拆除模板危险性较大，不愿拆除。施工管理人员坚持当晚一定要完成拆除工作。尽管不愿意，劳务带班还是按照施工管理人员的要求指挥木工拆除模板。

木工等人都意识到作业的危险性不愿意进入楼内作业，提醒劳务带班这样会把楼拆塌的。劳务带班说，不干哪个也走不掉，晚上加班也得拆完。随后到楼顶拆除模板。

15时30分许，木工、混凝土工班组进入现场开始拆除作业。作业现场共有21人，楼顶9人、楼内10人，另有2名混凝土工在楼外连接电线和水管。

15时39分，监理员打电话向总监请假到罗陈乡办事（事故发生时仍在罗陈乡，事故后才赶回现场）。监理员感到工人拆除模板存在重大险情，15时59分，将情况向总监作了汇报；总监在电话里安排向施工方下达监理通知书，要求注意安全。汇报完毕，监理员就立即下达了监理通知书，指出"一层商铺在混凝土浇筑过程中出现整体向东偏移"，要求"施工单位在模板拆除过程中严格按规范要求施工，确保施工安全"，电话通知总监领取。

16时20分许，总监到项目监理部办公室签收监理通知书，在返回工地的路上听到了楼体坍塌的声音。

16时30分许，整个楼体瞬间坍塌。楼上9人全部跌落在废墟上，其中7人被埋。

2. 事故原因

（1）直接原因

实际承建人未编制安全专项施工方案，未计算地基承载力是否满足荷载要求，未按要求对模板支架承载地基分层压实，未按《建筑地基基础工程施工质量验收规范》《建筑施工模板安全技术规范》施工作业，引发严重质量问题。在现浇框架整体结构发生倾斜后，处置方法不当，破坏了模板支撑系统，导致模板支架失稳，是造成事故发生的直接原因。

（2）间接原因

1）项目参建各方无视国家法律，违法从事开发建设，安全生产主体责任不落实是事故发生的主要原因。

实际控制人违法借用他人资质从事开发建设、承揽工程；违法发包工程项目；违法操作招投标；违法压缩建设资金，未按要求提取安全文明经费；违法压缩施工工期；擅自变更工程设计；未建立安全生产责任制，未能建立应急救援体系。

实际承建人违法承揽工程项目；任用不具备资格的人员担任项目经理、技术负责人、安全管理人员且特种作业人员无证上岗；未编制高支模安全专项施工方案，未落实安全施工措施；施工现场未封闭，现场管理混乱；没有开展班组技术交底，上道工序未完成擅自进入下道工序；违章指挥，强令冒险作业；违法承揽人防工程；未建立安全生产责任制。

他人公司违法出借开发资质，未落实安全生产主体责任。

他人公司违法出借施工资质；对实际控制人违法肢解发包工程、压缩建设资金、压缩施工工期、未按要求提取安全文明经费等违法行为不制止、不报告；违法承揽人防工程；未落实安全生产主体责任。

监理单位违法承揽人防工程监理业务；对建设方、施工方的违法违规行为不制止、不报告；工序验收没有形成验收记录；旁站监理不到位；上道工序未完成，擅自同意进入下道工序；未落实安全生产主体责任。

2）光山县建设行政管理部门未认真履行职责，监督检查不到位，审查把关不严，是事故发生的重要原因。

县住房和城乡建设局对全县建筑工程隐患排查治理工作、专项整治、防坍塌整治"回头看"和两年质量治理工作组织领导、监督检查不力，全县建筑业市场管理混乱；所属企业违法出借资质、违法承揽监理项目；放任幸福花园项目实际控制人违法借用资质开发建设、承揽工程，监理工作形同虚设；对内设机构（单位）领导、监督、管理不力。建管股未能认真履行建筑业管理职责，许可证审查把关不严。

县建筑工程质量监督站未认真履行质量监督责任，未对1号商铺实施质量监督管理；对两年质量专项治理、建设工程安全专项整治和防坍塌整治"回头看"工作落实不力；未对模板支撑系统所使用的钢管、扣件进行有效检测；未对幸福花园项目及1号商铺质量违法行为依法查处；资质管理制度执行不严，建筑业资质管理混乱。

县建设工程安全监督站未认真履行安全监管责任，对建筑工程隐患排查治理、专项整治和防坍塌整治"回头看"工作贯彻执行不力；对幸福花园项目参建各方安全监管不到位，未对幸福花园项目及 1 号商铺安全生产违法施工行为依法查处；安全监督检查流于形式；未对 1 号商铺安全专项施工方案提出编制要求。

县城建管理监察大队未切实履行执法监察职责，未对幸福花园项目违法建设行为采取强制措施，参建各方违法行为长期未能得到纠正。

光山县建设工程标准定额站未能认真履行管理职责，对幸福花园项目借用资质违法建设的行为和超资质开发建设、承揽工程行为审查把关不严，制止不力；未有效制止违法招投标行为。

3. 事故处理

(1) 事故责任单位处理建议

市安全生产监督管理局对事故发生责任单位给予经济处罚、资质处理。

(2) 事故责任人处理建议

1) 对项目实际控制人代表、实际承建人、施工技术员、监理员刑事拘留。

2) 对项目负责人、项目召集人、质量监督站站长、副站长、监理站站长、副站长由司法机关依法追究法律责任。

3) 对监督单位相关责任人给予党纪政纪处分。

1.1.10　案例十　云南省文山市"2·9"模架坍塌事故（2015）

1. 事故简介

2015 年 2 月 9 日 14 时许，文山市文山州职教园区学生活动中心在建工程施工过程中发生一起坍塌事故，造成 8 人死亡、7 人受伤。

2015 年 1 月 20 日上午，施工单位在该工程项目部召开例会，其法人、施工员、现场监理员、施工员、安全员、木工班组组长、架子班组组长等人参加了会议。会议对学生活动中心项目 22.5m 梁板施工进行安排布置，并就安全生产工作进行强调。架子班组组长按照会议安排，在没有高支模专项方案及专家论证的情况下，于 1 月 26 日下午组织 20 人左右开始搭设模板支架，2 月 3 日模板支架搭设完毕，2 月 3 日至 2 月 9 日上午一直在对模板支架进行加固。2 月 4 日，施工员在项目部告诉木工班组组长模板支撑体系已搭设完毕，可以开始架设模板。2 月 4 日，木工班组组长组织 20 人左右开始搭设模板；2 月 7 日，模板搭设完毕。2 月 5 日，钢筋班组组长组织 30 人左右开始绑扎钢筋；2 月 8 日，钢筋绑扎结束。2 月 8 日 8 时左右，施工员在施工项目部告诉混凝土工班组组长明天可以浇筑，准备好人。

2 月 9 日，浇筑的人员到现场后发现模板支架尚未加固完毕，所有浇筑的人员在现场等待浇筑，也因此推迟了浇筑时间。10 时左右模板支架加固完成（但按规定应组织各方专家、技术人员检查验收）。11 时 30 分左右开始浇筑混凝土，施工员、混凝土工组在板面上指挥浇筑，浇筑混凝土一车（约 10m³）。12 时 00 分左右工人开始吃饭，12 时 40 分左右继续浇筑混凝土。此时，板面上共有 12 人，板面下有 2 人。13 时 30 分左右，施工员到板面上指挥浇筑，此时板面上共有 13 人，板下有 2 人。浇筑的方向是从东向西，先浇筑 2 根柱子，然后梁、板一起浇筑。14 时 00 分左右，混凝土浇筑到总方量的 2/3 左右时，突然发生坍塌，坍塌为脆性瞬间倒塌，共造成 8 人死亡、7 人受伤。

2. 事故原因

（1）直接原因

支撑架架体搭设不规范，架体构造存在严重缺陷；支撑架的强度、稳定性等未经计算验证；支撑架安装存在违规现象（施工方案未经论证，施工成果未经验收）；钢管、托撑存在质量问题；混凝土构件浇筑顺序、浇筑方式存在错误等，导致支撑架局部荷载过大、受力偏心，浇筑区域的支撑架出现强度、稳定性破坏，从而引发支撑架整体坍塌。

（2）间接原因

1）施工单位在该工程项目施工管理过程中：违反基本建设程序，未按照国家相关法律法规办理合法施工手续，即先行开工建设；无视和拒绝执行建设行政主管部门和监理单位下发的停工指令通知，企业相关负责人多次视施工事故隐患于不顾，盲目组织工人冒险施工；违反住建部《关于印发〈危险性较大的分部分项工程安全管理办法〉通知》（建质〔2009〕87 号）的第九条规定，未编制危险性较大分部分项工程施工专项方案，未组织专家论证，擅自组织高支模施工；违反《建设工程高大模板支撑系统施工安全监督管理导则》通知第 3.3 条规定，高支模等危险性较大分项工程模板搭建结束后，未经相关方工程技术人员验收签字，即组织进行后续工序的施工；违反住建部《关于印发〈建设工程高大模板支撑系统施工安全监督管理导则〉的通知》（建质〔2009〕254 号）第 4.4.2 条规定，浇筑混凝土时，框架柱与梁、板一起浇筑，框架柱混凝土未达到相应强度，不能提供有效的侧向支撑；安全生产主体责任不落实，未建立危险性较大分部分项工程安全管理制度，未向从业人员告知作业场所和工作岗位存在的危险因素，没有开展"三级"安全教育培训，管理人员和从业人员的安全意识淡薄，管理人员违章、违规指挥，从业人员冒险作业。

2）项目业主单位未健全企业安全管理机构，主体责任不落实，未认真履行项目建设业主方安全监管职责，安全管理不到位。

3）监理单位在实施监理的过程中，发现施工单位未按规定进行高支模施工专项方案论证，未对高大模板搭建工程进行验收签字，虽对施工单位下发停工指令，但施工单位拒不停止施工，监理单位未采取有效措施进一步制止其施工，也未及时向当地建设行政主管部门（州住建局）报告。

4）建设管理单位安全管理不到位，未认真督促业主单位履行项目建设业主方的安全监管职责，未有效制止施工单位违规违章施工。

5）在该项目施工监管过程中，安监站虽然进行了7次检查，对项目业主和施工单位违法违规施工下发了两次停工通知书并实施了行政处罚。但是，施工单位仍然没有停工整改，屡次拒绝执行安全监管停工指令通知违法违规组织施工，州住建局未采取有效措施制止其违法施工行为。

3．事故处理

（1）事故责任单位处理建议

1）对业主单位、建设管理单位、监理单位给予经济处罚。

2）对施工单位撤销企业安全生产许可证、企业资质证书。

3）对州住建局、建设管理单位给予通报批评，向州人民政府作出书面检查。

（2）事故责任人处理建议

1）对施工单位项目经理、技术负责人、施工员、安全员移送司法机关追究刑事责任。

2）对业主单位总经理、副总经理、施工单位项目副经理、监理单位负责人、安全总监处经济处罚。

3）对州住建局局长、安监站站长、建设管理单位总经理给予行政处罚。

1.1.11 案例十一 广西南宁市"3·26"外脚手架坍塌事故（2015）

1．事故简介

2015年3月20日，施工单位将江南区工业标准厂房建设项目三号标准厂房的《外脚手架拆除报验申请表》报送监理单位审批；3月23日，监理单位项目监理部组织对一～六号标准厂房施工现场进行质量安全检查，总监理工程师签发了《监理工程师通知单》（项目编号：2015006），其中第五条指出"部分栋号厂房室内连墙件因抹灰施工拆除后未及时恢复"要求施工单位项目部在3月27日前整改完成并报监理部复查。但总监理工程师在未收到施工单位项目部报送《监理通知回复单》，也未组织人员对上述安全隐患进行复查的情况下，于3月23日同一天又在《外脚手架拆除报验申请表》签署"请严格按照外架拆除方案实施"的审查意见。项目部于当天收到该审查意见。

3月25日，三号楼栋号长，安全员、施工员对三号标准厂房进行例检。三号楼栋号长和安全员在开展例检的同时，对钢管脚手架连墙件设置及拉结情况等安全要点进行了检查，并在检查表上签字确认，检查结论："通过"。18时左右，项目负责人组织安全员、三号楼栋号长和各栋号长及相关班组长等人召开例会。

项目负责人在会上询问三号楼是否已经进行安全检查，三号楼栋号长回答说已进行安全检查并完成了整改，于是项目负责人决定3月26日在天气允许的情况下对三号标准厂房外脚手架进行拆除。

随后，项目负责人口头通知施工现场代表在3月26日对三号标准厂房外脚手架进行拆除，施工现场代表即安排公司项目现场管理人员具体组织人员实施。现场管理人员得到通知后安排架子工班组长负责落实拆架的作业人员。3月26日7时许，在架子工班组长的安排下，17名架子工陆续进场。7时20分许，三号标准厂房外脚手架拆架作业开始。其中，有12名架子工在南面外脚手架作业，5名架子工分别在东西两面外脚手架上作业。另还有1名铝合金安装工人在南面外脚手架安装4楼的铝合金窗。外脚手架拆除作业从架体顶部开始，工人将拆除的钢管、扣件及脚手板堆放在架体上，待塔吊运送至地面。8时20分许，南面外脚手架拆除约2～3步距时，其西段顶部1～5轴部位开始发生局部变形失稳，南面外脚手架自上而下、从西往东整体迅速坍塌，正在南面外脚手架上施工的13名工人随坍塌架体坠落，导致1人当场死亡、2人送医院抢救无效死亡、3人重伤、7人轻伤。东面、西面外脚手架上的5名架子工在事故发生后自行从架体上安全撤离。

2. 事故原因

（1）直接原因

三号标准厂房南面外脚手架在拆除前连墙件数量严重不足，拉结方式不符合专项施工方案要求；外脚手架搭设使用了不合格扣件；在架体拆除过程中，施工作业人员违规将拆除的钢管、扣件及脚手板堆放于架体上增加荷载，导致架体失稳坍塌。

（2）间接原因

1）施工单位对江南区工业标准厂房建设项目安全生产管理混乱。

安全生产管理人员未认真履行职责。对监理单位指出"部分栋号厂房室内连墙件因抹灰施工拆除后未及时恢复"的安全隐患没有引起足够重视，3月25日对三号标准厂房外脚手架进行安全检查时流于形式，未能发现脚手架连墙件拉结方式、数量不符合专项施工方案要求等安全隐患。

未审查劳务公司在三号标准厂房进行外脚手架拆除作业人员持证上岗情况。

安全教育培训不到位，未按规定对三号标准厂房外脚手架拆除作业人员进行三级安全教育培训和安全技术交底。

项目部对进场的钢管、扣件抽样送检数量不符合《钢管脚手架扣件》GB 15831—2006每批扣件抽样必须大于280件，当批量超过1万件，超过部分应作另一批抽样的技术标准。整个工程项目31万件扣件只进行了一次抽样送检。

2）劳务公司安全生产管理不到位。在三号标准厂房进行外脚手架拆除作业中未按照《落地式双排扣件式钢管脚手架（安全专项）施工方案》"一步一清"的规定，违规将拆除的钢管、扣件及脚手板堆放于架体上；组织无特种作业操作资格证、未经三级安全教育培训和未进行安全技术交底的工人进场实施外脚手架拆除作业；施工现场未按规定配备专职安全生产管理人员。

3）监理单位监理不到位。在3月23日签发的《监理工程师通知单》中，对存在的安全隐患未明确指出具体厂房栋号及部位。在未收到施工单位项目部报送《监理通知回复单》、公司监理人员也未进行现场复查的情况下，就签署了实施三号标准厂房外脚手架拆除作业的意见；未认真监督检查进场施工人员持证上岗和三级安全教育培训情况；未认真监督施工单位对进场的外脚手架钢管、扣件按有关技术标准进行抽样送检。

4）建设单位未全面落实工程建设主体责任。建设单位履行项目业主职责不到位，未按规定配备企业安全生产管理人员，未制定安全生产责任制和相关安全管理制度；对施工、监理、劳务分包单位落实安全生产责任制督促不力；组织开展建设工程质量安全管理工作不到位。

5）江南工业园管委会履行建筑施工安全监督职责不到位，督促建设单位履行项目业主职责、落实企业安全生产主体责任及组织开展建设工程质量安全管理工作不到位。

6）建设行政主管部门履行施工安全监督职责不到位。建设行政主管部门督促工程建设责任主体落实安全生产责任制不到位，执法检查不够严格，组织开展施工安全监督工作不到位。

3. 事故处理

（1）事故责任单位处理建议

1）对业主单位向区管理委员会作出书面检查。

2）对施工单位、监理单位、劳务公司给予经济处罚。

3）对区管理委员会向市政府作出书面检查。

（2）事故责任人处理建议

1）对施工单位总经理、项目部给予经济处罚，对项目安全员、施工员予以开除处分。

2）对监理单位总监理工程师吊销注册监理工程师证，对专业监理工程师暂停注册监理工程师职业资格。

3）对劳务公司现场管理人员给予行政处罚。

4）对监督单位相关责任人给予政纪处分。

1.1.12 案例十二 河北省新乐市"4·11"模架坍塌事故（2015）

1. 事故简介

2015年4月11日23时10分左右，新乐市全地国际市场A区13号商业楼在浇筑三层柱、屋顶梁板结构混凝土过程中，发生模板支撑系统坍塌事故，造成5人死亡、4人受伤，直接经济损失约480万元。

新乐市金地国际市场A区13号、14号商业楼劳务分包队于2014年10月7日进场施工，施工至基础垫层后更换劳务分包队，新劳务分包队于2014年11月5日进场施工。按照施工计划安排，坍塌部位的脚手架架体随主体结构边施工边搭设。2015年4月3日开始搭设三层架体，4月11日上午10时许，13号楼三层顶模板支撑系统搭设完成。

事发时劳务分包队在施工现场有两个作业班组，负责看护混凝土浇筑过程中模板支撑系统的变形情况。

2015年4月11日13时左右，混凝土工开始浇筑13号楼三层柱、屋顶梁板结构混凝土（采用商品预拌混凝土），混凝土泵车进行泵送混凝土浇筑，泵车位于13号楼南侧地面8～11轴中间部位。浇筑由西向东（8→11轴方向）分段进行，段内南北方向往返循环浇筑，按先柱后梁板的顺序浇筑。连续浇筑4搅拌车混凝土（搅拌车容量12m³，4车约48m³）后现场停电。作业人员撤离工作面休息。当日18时，施工现场恢复供电，混凝土工吃过晚饭后继续浇筑作业。21时30分开始下雨，因雨量较大，作业人员避雨10分钟左右，穿上雨衣继续混凝土浇筑作业。23时10分，当浇筑至东距11轴5.7m处时，天井部位模板支撑系统瞬间发生整体失稳坍塌（7-8/P轴以北部位未浇筑，现场共浇筑17车，最后的第17车浇筑量约3m³，混凝土浇筑总量约195m³）。

坍塌时，施工现场共有12名工人在作业。其中在混凝土浇筑作业面上（屋顶标高16.2m位置）混凝土工9人；在三层室内看护模板支撑系统变形情况的木工2人；在建筑物南侧室外地面上操作混凝土搅拌车的力工1人。

2. 事故原因

（1）直接原因

模板支撑系统的搭设严重违反《建筑施工模板安全技术规范》JGJ 162—2008、《建筑施工扣件式钢管脚手架安全技术规范》JGJ 130—2011及《建设工程高大模板支撑系统施工安全监督管理导则》（建质〔2009〕254号）的相关规定，模板支撑系统立杆基础、立杆、水平拉杆设置不符合要求，架体内部未设置扫地杆、未设置纵横向支撑及水平垂直剪刀撑，支撑系统与周边主体框架结构未采取固定措施等，且在风雨过后混凝土浇筑过程中，模板支撑系统地基基础沉降不均匀，致使架体承载能力降低、稳定性不足，施工时荷载超过模板支撑系统的最大承载能力，模板支撑系统整体失稳坍塌，是该起事故发生的直接原因。

（2）间接原因

1）施工现场管理混乱，建设工程各方责任主体未建立齐全有效的安全保证体系，未落实安全生产法律法规、标准规范及安全生产责任制度。

2）模板支撑系统未编制专项施工方案，未进行专家论证，未确认是否具备混凝土浇筑的安全生产条件，未制定和落实施工应急救援预案安全保证措施，未按规定对模板支撑系统进行专项验收，便开始实施混凝土浇筑。风雨过程中未开展针对性检查并采取相应措施，盲目施工，违反《危险性较大的分部分项工程安全管理办法》（建质［2009］87 号）及《建设工程高大模板支撑系统施工安全监督管理导则》（建质［2009］254 号）之规定。

3）违反《建筑施工扣件式钢管脚手架安全技术规范》JGJ 130—2011、《钢管脚手架扣件》GB 15831—2006 等规范规定，模板支撑系统所使用的钢管、扣件、U 型顶托等部分材料截面尺寸不足、锈蚀、变形，承载能力降低。模板支撑系统立杆基础未设置防水、排水设施，立杆底部未铺设符合要求的垫板。

4）模板支撑系统施工人员（项目部负责人、施工现场技术负责人、安全管理人员及特种作业人员）无证上岗。施工作业前工程技术人员未按规定对施工作业人员开展班组安全技术交底。未落实安全施工技术措施，施工现场安全管理不到位。

5）框架结构混凝土浇筑采取框架柱与梁、板整体一次性浇筑方式，浇筑次序、顺序不合理，整体稳定性下降。

6）安全教育不到位，未对现场作业人员进行安全生产教育和培训，便安排作业人员上岗作业，致使作业人员安全意识淡薄，对作业场所和工作岗位存在的危险因素认识不足，对事故防范及应急措施不了解。

7）施工现场违反《建设工程监理范围和规模标准规定》（建设部 86 号令）及《建设工程监理规范》GB/T 50319—2013 之规定，该工程项目无监理单位，监理管理体系缺失。

8）该工程在未办理建设工程规划许可证、施工许可证等相关审批手续的情况下，未依法履行工程项目建设程序，提前开工建设。

9）新乐市综合执法、建设等行政主管部门以及金地国际广场项目所在地新乐市长寿街道办事处，未认真履行安全生产行业监管和属地管理职责，对金地国际广场项目监督管理和日常检查不到位。

10）新乐市委、市政府落实安全生产"党政同责、一岗双责"不到位，对辖区内重点建设项目重形象进度、轻安全管理，对金地国际广场项目在相关手续不完善的情况下提前开工，未采取有效措施加以规范和治理，对有关职能部门依法行政、依法履职督促检查不到位，组织开展"打非治违"不深入、不彻底。

3. 事故处理

（1）事故责任单位处理建议

1）对建设单位、施工单位处以经济处罚。

2）对住房和城乡建设局向市委、市政府做出书面检查。

（2）事故责任人处理建议

1）对建设单位法定代表人、项目负责人、施工单位项目总负责人、项目经理、项目技术负责人、施工分包负责人移送司法机关依法处理。

2）对监督单位相关责任人给予行政记过处分和撤职处分。

1.1.13 案例十三 山东省潍坊市"4·30"模架坍塌事故（2015）

1. 事故简介

2015年4月30日17时12分许，潍坊市峡山生态经济发展区（下称峡山区）潍坊实验中学演艺中心建设项目（下称实验中学建设项目）在施工过程中发生一起坍塌事故，造成4人死亡、2人受伤，直接经济损失约460万元。

2015年4月30日上午，该工程开始浇筑西侧演播厅（舞台）顶板混凝土。17时10分左右混凝土浇筑基本完毕，工人在进行提浆找平时，模板支撑系统坍塌，操作面6名工人从该厅中西部偏北处坠落并被埋压。事故当场造成3人经抢救无效死亡、1人重伤、1人轻伤，另有1人被埋压致死。

2. 事故原因

（1）直接原因

实验中学建设项目无资质施工，未按规定编制演播厅（舞台）模板支撑系统专项施工方案。满堂支撑架基础不牢固，支撑架体搭设不规范、随意施工，支撑体系未与四周已完成构件可靠拉接，支撑体系所使用的钢管、扣件、可调托撑等材质不合格，导致模板支撑系统整体稳定性及支撑强度不满足要求，进行梁板混凝土浇筑作业时发生坍塌，是造成这次事故的直接原因。

（2）间接原因

1）施工、监理、建设单位安全生产主体责任不落实

施工单位安全生产主体责任不落实，违规出借资质，违法违规组织工程施工。

施工单位安全生产主体责任不落实。明知无相应建筑施工资质，不具备安全生产条件，仍出借资质证书允许以本公司的名义承包实验中学项目。未履行安全生产管理职责，任命2013年已离职的二级建造师为施工项目经理；未向施工现

场派驻任何管理人员和技术人员实施有效管理。

非法挂靠、非法转包、非法组织施工。有关责任人在无建筑施工资质、不具备安全生产条件的情况下，非法挂靠在施工单位名下承包实验中学项目。将非法承包的工程项目以"主体清工"（除材料外，其他工程施工全面非法转包给别人）的形式非法转包。安排无建筑施工资质人员分别担任施工队长和施工员，非法组织施工。

施工管理负责人，具体负责与建设单位、监理单位及分包单位的协调和施工进度。在明知演播厅（舞台）模板支撑系统搭设不规范，在监理人员告知存在安全隐患的情况下，仍违规违章安排进行混凝土冒险作业。

盗用资质、非法承包和转包、非法组织施工。有关责任人盗用其他公司名义与施工单位签订劳务分包合同，实际承包了含主体工程建设在内的全部工程施工，并安排无建筑施工资质人员代表其具体负责现场施工组织工作。将脚手架作业非法分包（无脚手架和模板作业劳务分包资质）；将混凝土作业非法分包（无混凝土作业分包资质），在明知演播厅（舞台）模板系统支撑系统存在安全隐患、不具备安全作业条件和未确认安全的情况下，盲目安排人员冒险进行混凝土浇筑作业。

非法承包和违规违章指挥作业。有关责任人在无脚手架和模板作业劳务分包资质、不具备安全生产条件的情况下，非法承包了实验中学项目脚手架施工。在无演播厅（舞台）模板系统支撑系统专项方案的情况下，违规违章组织人员进行满堂支撑架搭设，并安排无建筑施工资质的人员代表其具体指挥现场作业。在明知演播厅（舞台）模板系统支撑系统存在安全隐患、不具备安全作业条件和未整改到位、确认安全的情况下，盲从安排交付使用。

非法承包和指挥人员冒险作业。有关责任人无混凝土作业分包资质、不具备安全生产条件的情况下非法承包了实验中学项目混凝土作业施工。在明知演播厅（舞台）模板系统支撑系统存在安全隐患、不具备安全作业条件和未确认安全的情况下盲目安排人员冒险进行混凝土浇筑作业。

监理单位安全生产主体责任不落实，未认真执行有关监理标准和程序。监理单位未严格按照《建设工程监理规范》GB/T 50319—2013和《关于落实建设工程安全生产监理责任的若干意见》（建市［2006］248号）的规定和工程建设强制标准、监理委托合同实施监理。总监理工程师、监理员对实验中学工程项目存在借用资质、层层非法转包分包及施工人员无建筑施工资格等问题监理不到位。对施工单位未编制演播厅（舞台）模板系统支撑系统专项方案问题未按相关规定要求向主管部门报告；对满堂支撑架搭设不规范问题和施工单位冒险进行混凝土浇筑作业行为监理不到位。

建设单位安全生产主体责任不落实。建设单位对现场施工过程的安全隐患监督不够，对监理人员报告的模板满堂支撑架隐患重视程度不够，监督整改不力。

2）主管部门监管责任不落实，审批把关不严，事故隐患排查和整改不到位，培训教育不到位

峡山区住建局对建筑施工安全监管不到位。明知实验中学项目未取得《建筑工程施工许可证》，默许其非法开工建设。对实验中学项目招标投标活动审查把关不严；开展建筑施工领域"打非治违"整治措施不力，没有发现施工方、监理方的一系列违法行为；对建筑行业开展安全隐患排查和安全教育培训监督不力；监督建筑施工安全管理工作不到位。

峡山区质监站建筑施工安全监管职责不落实，隐患排查治理不彻底。明知实验中学项目未取得《建筑工程施工许可证》，默许其非法开工建设。2015年3月19日安全检查中发现演艺中心西侧演播厅（舞台）高大模板没有专项施工方案这一安全隐患，虽然对其采取停工处理，但是在隐患未能排除的情况下仍然为施工单位拆除封条允许其复工，复工后也未对项目采取有效监管措施。日常检查抽查中，先后下达9次隐患整改通知书，但对发现的问题隐患整改情况未进行有效的监督检查，致使问题整改流于形式。

市住建局作为全市建设行政主管部门，对建设、施工、监理等单位的建筑活动监管不力，开展建筑施工领域非法发包、挂靠等行为"打非治违"力度不够，对建筑业从业人员的安全教育培训和职业技能培训监督不力；督促和指导峡山区住建部门和市建设工程质量安全监督站（下称市质监站）落实建筑施工安全管理工作不到位。

市质监站对安全管理业务指导不够。开展安全教育培训、隐患排查治理、监理资质核查等工作不深入、不彻底。督促和指导相关部门查处借用资质承揽工程、未批先建、非法转包分包、危险性较大工程无安全专项方案、施工人员无证上岗等力度不够。

3）属地管理责任不落实

峡山区教育管理中心（下称峡山区教管中心）是学校的主管部门，没有认真履行安全生产"一岗双责"职责，督促各施工单位开展安全隐患排查力度不够。

峡山区管委会落实安全生产"一岗双责"职责不到位，组织开展建筑施工领域"打非治违"整治措施不力，监督各建设、施工、监理单位落实安全生产主体责任不到位，督促职能部门履行安全生产监管职责不到位。

3. 事故处理

（1）事故责任单位处理建议

1）对施工单位给予经济处罚。

2）对建设单位降低信用等级，向有关部门和社会公众发出警示。

3）对监理单位给予经济处罚。对其监理资质依法处理。

（2）事故责任人处理建议

1）对挂靠施工单位项目自然人、项目施工队长、施工员、监理单位总监理工程师、监理员移送司法机关依法处理。

2）对监督单位相关责任人予以党纪政纪处分。

1.1.14 案例十四 西藏林芝市"7·5"模架坍塌事故（2015）

1. 事故简介

2015年7月5日23时01分，林芝市巴宜区鲁朗国际旅游小镇施工现场恒大酒店3号楼3层屋面楼板浇筑过程中发生支撑体系坍塌事故，共造成8人死亡、5人受伤，直接经济损失863.1万元。

事故发生在西藏林芝市巴宜区鲁朗小镇中区项目3号楼工程，高支模坍塌部分为2-4轴/C-E轴线，屋面板厚度120mm，高支模高度16.18m，高支模平面面积7m²；高支模四周支模高度7.43m，高支模四周支模平面面积106.9m²，模板坍塌面积180.9m²。

2015年7月5日21时，施工单位组织13名工人（其中：混凝土浇筑工12名，泵工1名），对恒大酒店3号楼顶层梁板结构进行混凝土浇筑。23时01分，支架突然出现响声，刚浇筑完混凝土的高支模区域支架瞬间发生整体坍塌，2名工人被脚手架砸伤，其余11名工人随支撑体坍塌坠落，被坍塌物掩埋，导致8人死亡、5人受伤的较大建筑施工坍塌事故。

2. 事故原因

（1）直接原因

1）高支模模板支撑架未严格按《高支模安全专项施工方案》和国家规范要求施工，存在较多严重安全隐患。如高支模立杆间距、水平杆间距与施工方案要求相差较大，相差分别为56.3%和13%；高支模满堂架水平杆搭接使用"直角扣件"；扫地杆距地面550～650mm，高跨的扫地杆未向低处延长两跨以上；高支模未严格按规定设置连续剪刀撑、之字斜撑、水平剪刀撑；支撑架未与四周外侧结构柱或板设置固结点；高支模板支撑系统未与周边普通模板支撑系统连接成整体和模板支撑系统立杆最顶部两水平拉杆中间未加设一道水平拉杆等，造成模板支撑体系承载力、刚度和整体稳定性差，是造成坍塌事故的直接原因之一。

2）施工工序安排不当。发生事故部位四层8根结构柱（标高12.15～15.95m）与梁板混凝土同时浇筑，造成模板支架无法在四层8根结构柱位置设置有效固结点，并且四层8根结构柱混凝土刚浇筑完未形成强度，无法对结构标高15.95m处梁板模板支架形成有效支撑，从而致使模板支撑体系坍塌事故的发生，为事故的另一直接原因。

（2）间接原因

1）建设单位，在施工过程中该公司管理人员发现施工单位管理人员长期不在岗和涉嫌转包的行为，未及时向住建部门报告，未尽到有效管理的职责。

2）总承包对转包行为没有及时制止，未有效履行管理职责。

3）总承包将本工程转包给施工单位，总承包只派了4名管理人员参与项目管理工作，其中主要管理人员、项目总工程师和安全总监不到位，存在管理混乱、管理不到位等问题。

4）实际承建施工单位，委派项目负责人管理本工程，作为项目副经理负责本项目生产管理工作。存在管理混乱、管理不到位、管理人员数量配备不够、管理人员、特殊工种工人资质不够和无证上岗等问题。

5）3号楼《高支模安全专项施工方案》未组织专家论证；方案审核、审批不合规；项目技术负责人未对相关施工管理人员作书面交底；高支模混凝土浇筑未对工人作书面交底。

6）监理单位没有按规定履行监理职责；未对3号楼高支模工程旁站和验收；未对3号楼高支模履行监理职责；对施工单位未按规定组织高支模施工和工程转包的行为，未制止、未报告。

7）三方主体责任单位未按国家规定配备管理人员，人员资质不够、专业素质不强；高支模架子工无上岗证；建设单位和监理单位管理人员混用等。

8）相关部门履职不到位：

巴宜区鲁朗镇人民政府对辖区内建筑行业领域的安全生产工作重视不够，未严格执行《林芝地区安全生产党政同责实施办法》（林地委办〔2015〕4号）之规定，对分管住建工作的领导存在监管不力、督导检查不到位的问题。

巴宜区住房和城乡建设局履职不力，未履行鲁朗国际旅游小镇工程监管职责，对3号楼工程转包、施工管理人员长期不在位、安全员无证上岗等问题未及时发现处理。

林芝市巴宜区人民政府对辖区内建筑领域安全监管不到位，对本辖区住建部门存在的执法监管不严等问题的检查督促和整改不力。

林芝市住房和城乡建设局对巴宜区建筑施工质量及安全监督检查不到位，对巴宜区住房和城乡建设局的工作检查、指导、督促不力，对其存在的问题失察。

3. 事故处理

（1）事故责任单位处理建议

对建设单位、总承包单位、施工单位、监理单位处以经济处罚。

（2）事故责任人处理建议

1）对施工单位项目副经理、项目负责人、安全员、监理工程师移送司法机关依法处理。

2）对监督单位相关责任人给予行政问责和政纪处分。

3）对总承包单位、施工单位、监理单位相关责任人给予经济处罚。

1.1.15　案例十五　四川省苍溪县"11·18"模架坍塌事故（2015）

1. 事故简介

2015 年 11 月 18 日 23 时 20 分左右，在苍溪县杜里坝"广明·如意城"建设项目施工工地，7 名工人进行 2 号楼负一层顶板混凝土浇筑过程中，混凝土模板下部的支撑架体突然坍塌，造成 3 人死亡、1 人受伤，直接经济损失约 400 万元。

2015 年 11 月 18 日 18 时 30 分左右，按照施工项目部施工员的安排，施工队负责人组织 6 名工人进行"广明·如意城"工程建设项目 2 号楼负一层顶板混凝土浇筑作业。施工人员首先进行 2 号楼左侧靠 3 号楼处负一层顶板下层的混凝土浇筑，21 时 50 分左右，2 号楼左侧靠 3 号楼处负一层顶板下层的混凝土浇筑完毕后，施工人员开始进行 2 号楼靠 1 号楼的两根立柱及 S3-D～S3-E 轴交 S2-7～S2-12 轴负一层顶板（即坍塌楼面）下层混凝土浇筑。22 时左右，施工人员完成上述混凝土浇筑后进行加餐并作短暂休息后，再次转入 2 号楼 S3-D～S3-E 轴交 S2-7～S2-12 轴负一层顶板（即坍塌楼面）上层混凝土浇筑作业。23 点 10 分左右，因混凝土未及时运往现场暂时停工，6 名工人离开混凝土浇筑面休息。23 点 15 分左右，混凝土泵车将混凝土运至浇筑现场。23 时 20 分左右，正在浇筑的约 140m² 混凝土及下部的模板和支撑架体整体坍塌。

2. 事故原因

（1）直接原因

1）《广明·如意城 BZC 模盒空腹夹心楼板施工方案》中楼板及个别框梁荷载取值小于现场施工图设计荷载取值。

2）苍溪"广明·如意城"工程建设项目事故部位现浇楼板模板支撑体系未按要求搭设，模板支撑体系架体立杆间距及水平杆步距过大。架体立杆间距为 0.93m、1.00m、1.30m 不等，水平杆步距为 1.77m、1.92m 不等，均不符合《广明·如意城 BZC 模盒空腹夹心楼板施工方案》中钢管横向间距或排距为 0.8m、纵距为 0.8m、步距 0.5m 的设置规定。

3）苍溪"广明·如意城"工程建设项目事故部位现浇楼板模板支撑体系使用的钢管规格不符合要求。现浇楼板模板支撑体系使用的钢管规格为 $\phi48×2.8$、$\phi48×2.6$、$\phi48×2.4$ 不等，不符合《广明如意城 BZC 模盒空腹夹心楼板施工方案》中采用的钢管为 $\phi48×3.2$ 的设置规定。架体稳定性不足，承载力不够。

4）苍溪"广明·如意城"工程建设项目事故部位现浇楼板模板支撑体系钢

管连接扣件不符合国家规范要求。现浇楼板模板支撑体系钢管连接扣件重量小于《建筑施工扣件式钢管脚手架安全技术规范》JGJ 130—2011 标准规定要求，架体整体牢固性不强。

（2）间接原因

1）施工单位及施工项目部未全面遵守《中华人民共和国安全生产法》《建设工程安全生产管理条例》及其他有关法律法规的规定，未全面落实施工单位企业主体责任。

专项施工方案编制管理混乱，未按照规定由施工项目部技术负责人编制，而是安排施工项目部资料员编制《广明·如意城 BZC 模盒空腹夹心楼板施工方案》。

在未取得混凝土浇筑令的情况下，擅自从事混凝土浇筑作业。

安全生产责任制落实不到位，未建立安全生产责任落实情况监督考核机制，现场安全管理混乱。

未按国家有关规定对从业人员进行安全生产教育和培训，从业人员安全生产知识缺乏、安全意识较差。

混凝土浇筑采用新工艺时，未采取有效的安全防护措施和对从业人员进行专门的安全生产教育和培训。

未建立健全生产安全事故隐患排查治理制度，未采取技术和管理措施，及时发现并消除模板支撑体系等方面存在的事故隐患。

未建立健全安全生产文书管理制度，致使监理工程师签发的监理通知单未及时有效执行。

2）监理人员对《广明·如意城 BZC 模盒空腹夹心楼板施工方案》审核把关不严；现场巡视检查不到位，未及时发现和督促施工项目部整改安全生产方面存在的问题。

3）苍溪质安站未认真履行监管职责。一是 2015 年 11 月 16 日，在对"广明·如意城"工程建设项目 2 号楼巡查过程中发现该工地局部模板、连接件、支撑架的搭设体系不符合规范要求，未对"广明·如意城"工程建设项目的所有模板支撑体系进行全面检查，未及时督促施工项目部立即整改事故隐患；二是检查人员对发现的事故隐患仅口头要求施工项目部进行整改，未依法下达《责令整改通知书》，也未按规定程序上报有关领导，对施工项目部隐患整改情况未进行复查；三是对"广明·如意城"工程建设项目监督检查不深入，对其多次发生安全事故重视程度不够，对干部的日常安全教育不到位。

4）苍溪县住建局未认真履行监管职责。一是对安全生产工作重视不够，侧重于其他业务工作，对"管行业必须管安全"的重要性认识不足；二是对干部的日常安全教育不到位，重面上会议安排，轻具体事务督促落实，监督检查不深入；三是制定监管措施不得力，制定出台的建设领域安全生产定位监管办法没有落实到位；四是对"广明·如意城"工程建设项目多次发生安全事故没有引起高度重视。

5）苍溪县安监局在"广明·如意城"工程建设项目2015年5月和7月发生两次事故后，对综合督查组后续督查工作没有进行跟踪落实，存在督促落实不到位的问题。

6）苍溪县政府对建筑施工安全质量的监管重视不够，注重面上工作安排部署，对相关职能部门及干部履职尽责方面要求不严。

3. 事故处理

（1）事故责任单位处理建议

1）对施工单位给予行政处罚。

2）对县委、县政府向市委、市政府作出书面检查。

（2）事故责任人处理建议

1）对施工单位项目副经理、模板搭设作业负责人、质安站监督员移送司法机关依法处理。

2）对监督单位相关责任人给予行政问责和党纪政纪处分。

3）对施工单位项目经理、生产负责人、建设单位项目代表、监理单位总监理工程师给予行政处罚。

1.1.16 案例十六 四川省资阳市"1·19"外脚手架坍塌事故（2016）

1. 事故简介

2016年1月19日15时40分许，四川资阳经济开发区四川现代汽车配套零部件生产基地内资园内，四川南骏汽车集团办公楼建设项目，在劳务分包单位分包的南骏办公大楼正立面脚手架拆除时，脚手架突然整体外倾倒塌，正在办公楼正面拆除脚手架的农民工从五楼脚手架坠落地面，造成3死1伤。

2. 事故原因

（1）直接原因

经调查分析认定，此次事故发生的直接原因是：在现场作业条件（脚手架拆除前正立面连墙件严重缺失）不符合安全作业要求的情况下，违法组织不具备特种作业资格的人员从事脚手架拆除施工。拆除时未按脚手架拆除规范要求顺序拆除，造成正立面脚手架重心偏移失稳外倾整体坍塌。

（2）间接原因

1）未编制脚手架专项拆除方案并报监理单位审批，未安排专职安全管理人员实施现场监督。

2）施工过程安全隐患排查不到位，违规强制将脚手架外顶，拆除前未组织对脚手架进行安全检查和加固。

3）组织不具备特种作业资格人员负责拆除脚手架，三级安全教育培训不到位，拆除脚手架前未进行安全技术交底。

4）违法将脚手架搭拆工程分包给自然人。

5）安全管理机构不健全，安全管理人员配备不到位。

6）监理人员配备不到位，履行监理职责不到位。

7）相关监督管理单位和部门履职不到位，监管不力。

3. 事故处理

（1）事故责任单位处理建议

1）对施工单位、监理单位、劳务公司给予行政处罚。

2）对监督单位向上级单位作出书面检查。

（2）事故责任人处理建议

1）对施工单位项目部工长、监理单位总监理工程师、违法自然人移送司法机关依法处理。

2）对施工单位法定代表人、项目经理、技术负责人、监理单位监理工程师给予行政处罚。

3）对监督单位相关责任人给予政纪处分。

1.1.17 案例十七 河北省唐山市"1·30"模架坍塌事故（2016）

1. 事故简介

2016年1月30日16时20分许，在丰润区金域名邸项目4号地块施工工地，作业人员在进行401号楼与402号楼之间大门混凝土浇筑作业时，大门模板支撑体系坍塌，造成5人死亡，直接经济损失684.5万元。

2016年1月3日，劳务公司现场负责人组织现场施工人员在未制定模板施工安全专项方案、未进行技术交底的情况下开始对401号与402号楼之间大门模板支撑体系进行搭设。2016年1月10日，大门模板支撑体系搭设完毕。

1月13日，4号地块施工现场因扬尘治理不合格，被丰润区住建局安监站责令停工整改。1月14日，施工现场停工放假。1月26日，建设单位副总经理电话要求施工单位现场负责人进行大门混凝土浇筑。当日，联系混凝土未果，便将该情况反馈。1月28日，得知本公司承建的人民路南延（光华道至银城道段）工程正在使用混凝土，便电话与建设人民路南延工程项目负责人联系，商量混凝土供应有关事宜。当日，与项目负责人取得联系，商定好由丰润区永兴混凝土搅拌站提供浇筑大门所需混凝土。1 月 29 日，安排劳务公司施工现场生产队长联系浇筑工，准备 30 日浇筑大门。随即联系公司瓦工，让其联系浇筑工。

1 月 30 日 7 时 30 分，8 名工人到达施工现场，开始做大门浇筑前的准备工作。9 时左右，与施工现场技术、质量负责人一起对模板支撑体系进行检查。发现支撑体系部分模板变形，出现缝隙，但未向施工现场负责人报告，只是与施工现场生产队长商量沟通，提出大门不能马上浇筑混凝土，应对支撑体系进行维护加固。认为现场没有木工，无法对支撑体系进行维护加固，要求继续做浇筑前的准备工作。16 时左右，混凝土到位，对现场施工人员进行了口头安全技术交底。泵车到位后，开始进行大门混凝土浇筑作业。16 时 20 分左右，大门混凝土浇筑过程中，大门模板支撑体系突然失稳坍塌，导致正在大门顶板上进行混凝土浇筑作业及苫盖保温草帘作业的 7 名工人随顶板一起坠落。

2. 事故原因

(1) 直接原因

大门顶板模板支撑体系搭设违反《建筑施工模板安全技术规范》6.1.9 第 3 条的规定，架体局部立杆步距处未设水平杆。违反《建筑施工承插型盘扣式钢管支架安全技术规程》6.1.3 的规定，架体未设置水平层斜杆或水平剪刀撑；竖向斜杆设置不全，仅在支架东西两侧及中间设置了单方向的竖向斜杆；架体未与东西两侧建筑结构设置连墙装置。架体搭设不合格，导致在进行混凝土浇筑作业时架体失稳坍塌，是该起事故的直接原因。

(2) 间接原因

1) 劳务公司使用其他公司的名义承揽 4 号地块工程，施工现场安全管理不到位，教育培训不到位。

以他人名义承揽工程。违反《建筑法》第 26 条第 2 款的规定，超越本企业资质等级许可的业务范围，以他人名义承揽 4 号地块工程，致使不具备施工资质的劳务公司成为实际施工单位，不具备相应资格和能力的主要负责人、项目负责人及安全管理人员成为项目实际管理人员。

安全管理不到位。违反《混凝土结构工程施工规范》GB 50666—2011 第 4.1.1 条的规定，在未制订大门顶板模板工程专项安全施工方案的情况下，擅自组织大门施工；违反《混凝土结构工程施工规范》GB 50666—2011 第 4.1.2 条的规定，未进行模板及支架设计；违反《建筑施工模板安全技术规范》JGJ 162—2008 第 8.0.4 条的规定，未进行书面安全技术交底；违反《建筑施工模板安全技术规范》JGJ 162—2008 第 8.0.5 条的规定，未对模板支架进行检查；违反《房屋建筑和市政基础设施工程施工图设计文件审查管理办法》（住建部令 2013 年第 13 号）第 3 条第 3 款的规定，施工图未经审查合格，便依照电子版图纸实施大门支撑体系搭设；违反《建设工程安全生产管理条例》（国务院令第393号）第23条第1款的规定，未设立安全生产管理机构，安全生产管理人员《安全生产考核合格证书》过期。

安全教育不到位。违反《建设工程安全生产管理条例》（国务院令第393号）第36条第2款④和《安全生产法》第25条第1款、第41条的规定，未对管理人员和作业人员进行安全生产教育培训，致使作业人员安全意识淡薄，对施工现场可能存在的危险因素认识不足。

2) 违反《建筑法》第26条第2款的规定，允许劳务公司使用本企业的资质证书、营业执照，以本企业的名义承揽4号地块工程，致使不具备施工资质的劳务公司成为实际施工单位；违反《建筑施工企业主要负责人、项目负责人和专职安全生产管理人员安全生产管理规定》（住建部令2014年第17号）第13条的规定，将本公司主要负责人、项目负责人和专职安全生产管理人员《安全生产考核合格证书》出借给劳务公司，并在住建部门办理备案，致使劳务公司不具备相应资格和能力的主要负责人、项目负责人及安全管理人员成为项目实际管理人员。

3) 建设单位违反《房屋建筑和市政基础设施工程施工图设计文件审查管理办法》（住建部令2013年第13号）第3条第3款的规定，未将大门施工图纸报送图审单位进行审查，便提供给施工单位进行施工；违反《建设工程安全生产管理条例》（国务院令第393号）第7条的规定，在施工现场被住建部门责令停工整改的情况下，仍然要求施工单位浇筑大门混凝土。

4) 监理单位违反《建设工程安全生产管理条例》（国务院令第393号）第14条第3款、《危险性较大的分部分项工程安全管理办法》（建质〔2009〕87号）第19条和《房屋建筑和市政基础设施工程施工图设计文件审查管理办法》（住建部令2013年第13号）第3条第3款的规定，对施工作业现场监理不到位。对未制定专项施工方案、未进行模板及支架设计、未进行书面安全技术交底、未对模板支架进行检查、施工图未经审查合格的情况下施工作业等违章行为未及时发现并纠正；对备案项目部管理人员长期未到岗履职的问题监理不到位。

5) 丰润区银城铺镇党委、政府未按照《中共唐山市委、唐山市人民政府关于实行安全生产"党政同责、一岗双责、齐抓共管"的意见》要求，严格落实安全生产督导检查制度。银城铺镇政府未认真履行《安全生产法》第8条第3款所规定的对本行政区域内生产经营单位安全生产状况监督检查的职责。自2015年6月金域名邸4号地块项目开工建设至事故发生时，银城铺镇党委、政府始终未对该地块安全生产状况进行监督检查。

6) 丰润区住建局未按照《建设工程安全生产管理条例》（国务院令第393号）第40条第2款的规定，对4号地块安全生产实施有效的监督管理。对未制定大门专项施工方案、未进行模板及支架设计、未进行书面安全技术交底、未对模板支架进行检查的情况下施工作业等违章行为未及时发现并纠正；对工地停工整改期间仍然组织施工的问题未及时发现并有效制止；未按照《建筑施工企业主要负责人、项目负责人和专职安全生产管理人员安全生产管理规定》（住建部令 2014 年第 17 号）第 23 条的规定，对企业主要负责人、项目负责人和安全管理人员持证上岗、教育培训和履行职责等情况进行监督检查。未及时发现备案项目部管理人员长期未到岗履职、项目实际负责人及安全管理人员无证上岗的问题。

7）丰润区人民政府对建筑施工领域安全生产工作组织领导不力。事故发生前政府领导分工进行了调整。事故发生时，新的分管建筑施工行业的区政府主管领导拟任人员尚未到位。

3. 事故处理

（1）事故责任单位处理建议

1）对建设单位、监理单位给予罚款，暂扣资质证书。

2）对区住建局向区人民政府作出书面检查并备案，对区人民政府向市人民政府作出书面检查并备案。

3）对劳务公司给予罚款、吊销《安全生产许可证》和《劳务分包资质证书》。

（2）事故责任人处理建议

1）对项目负责人、生产队长、劳务公司总经理移送司法机关追究刑事责任。

2）对建设单位副总经理、监理单位副总经理、劳务公司工程部部长给予经济处罚并撤职。

3）对监督单位相关负责人给予党纪政纪处分。

4）对建设单位董事长、法定代表人、监理单位法定代表人、总监理工程师、施工单位项目经理、项目负责人给予行政处罚。

1.1.18 案例十八 四川省阆中市"8·22"模架坍塌事故（2016）

1. 事故简介

2016 年 8 月 22 日 18 时 26 分，阆中市宏云·江山国际小区商住楼大门装饰构架工程在进行顶盖混凝土浇筑过程中，高大模板支撑系统（以下简称高支模）发生坍塌，造成 6 人死亡、4 人受伤（其中 2 人重伤），直接经济损失约 500 万元。

2016 年 7 月 12 日，木工班带领人在宏云·江山国际小区商住楼开始搭设大门装饰构架施工用的高支模架，7 月 25 日开始搭设模板；8 月 1 日钢筋班开始绑扎大门装饰构架钢筋梁，进行了钢筋隐蔽工程验收。8 月 5 日混凝土工班浇筑完大门装饰构架的下层面板。

8月22日16时左右，按照施工单位要求，混凝土工班小组长安排7人浇筑大门装饰构架上层面板，其中6人到操作平台上面进行浇筑作业，另一人负责在泵车处放料。在浇筑过程中，施工单位项目部安排小工3人为浇筑作业平台下面12号商业楼的玻璃幕墙擦浆；管理人员在现场进行监管，木工在3号商业楼支模架上的操作平台看模。

18时26分许，打第四车混凝土时，发现高支模有晃动下沉迹象，随即高支模发生了坍塌，施工现场10名作业人员被坍塌的混凝土、梁板及模板等掩埋。

2. 事故原因

（1）直接原因

事故高支模属于超过一定规模的危险性较大的分部分项工程，其搭设不符合《建筑施工模板安全技术规范》JGJ 162—2008、《建设工程高大模板支撑系统施工安全监督管理导则》（建质〔2009〕254号）等的规定，构造不全：支撑架体立杆纵、横距按800～1000mm×800～1000mm，步距约1500～1700mm布置，梁底支撑体系未进行加密处理，支撑梁板的钢管立杆顶部未使用可调托撑进行顶撑；在每一步距处未满设纵横向水平拉杆；架体内未按规定设置水平剪刀撑、纵向剪刀撑，横向剪刀撑数量不够且未由底到顶连续设置；该模板支撑体系高度与宽度比（约16：7.3）大于两倍，支撑架体仅在12号商业楼一侧屋顶设置一道连接点，未与3号商业楼建筑结构相连，保证架体稳定的构造措施严重不足。

（2）间接原因

1）建设单位安全生产主体责任不落实，项目疏于管理。

该公司未建立、健全安全生产责任制和安全生产规章制度。

大门装饰构架施工无合法有效的施工图设计文件，仅凭设计院通过电子邮箱提供的电子版图，违法要求施工单位施工。

缺乏对施工单位的安全生产工作统一协调、管理，特别是对施工单位宏云·江山国际项目经理长期未到岗履职、备案专职安全员未到项目部上班、高支模施工无专项施工方案等安全隐患，未及时督促整改。

2）施工单位安全生产主体责任不落实，现场管理混乱。

宏云·江山国际项目经理长期不在岗，项目部副经理等管理人员及安全生产管理机构未履行其安全生产管理职责。

未按照国家的规定对从业人员进行安全生产教育培训，特别是对新入场的工人等从业人员未进行"三级"安全生产教育培训。

对危险性较大的高支模工程未按照国家规定编制专项施工方案，同时未组织专家对专项施工方案进行论证。

组织未取得建筑施工脚手架特种作业操作资格证的作业人员搭设高支模架；搭设前未向现场管理人员和作业人员进行安全技术交底；搭设完成后未按规定组织验收。

混凝土浇筑前，未经项目技术负责人、总监确认是否具备混凝土浇筑的安全生产条件；浇筑过程无专职安全员现场监督。

3）监理单位不认真履职，现场监理形同虚设。

对大门装饰构架施工无合法有效的施工图设计文件，项目监理部未向建设单位提出整改意见。

发现施工单位项目经理长期不到岗、项目部无专职安全生产管理员，高支模施工未编制专项施工方案且未组织专家论证等重大安全隐患，未下达书面整改通知或停工指令，对施工单位拒不整改的情况未及时向有关主管部门报告。

4）阆中市有关监管单位监管失察，未及时进行查处。

阆中市规划办未严格按照《中共阆中市委办公室阆中市人民政府办公室关于建立健全规划建设管理执法机制等有关事项的通知》（阆委办〔2014〕30号）的相关要求对规划区内的建设项目进行巡查，未能及时发现建设单位未批先建的行为。

阆中市七里街道办事处未认真履行安全生产属地管理职责，对辖区内建筑工地施工存在的安全隐患排查不到位。

阆中市安全监管局在履行对全市安全生产综合监管过程中存在工作不到位的情况。

3. 事故处理

（1）事故责任单位处理建议

1）对施工单位给予行政处罚，暂扣安全生产许可证。

2）对建立单位给予行政处罚，对其资质等级进行降级处理。

3）对分包单位给予行政处罚，扣减信用分。

4）对监督部门向其上级部门作出书面检查。

（2）事故责任人处理建议

1）对施工单位项目经理、项目副经理、监理单位总监理工程师、分包单位副总经理移送司法机关依法处理。

2）对施工单位董事长、党委书记、监理单位总经理、工程部经理、分包单位董事长、工程部经理给予行政处罚。

3）对监督单位相关责任人给予行政记过处分。

1.1.19 案例十九 贵州省兴仁市"8·25"模架坍塌事故（2016）

1. 事故简介

2016 年 8 月 25 日，黔西南州兴仁县博融养生城"博融天街一期～b 区车库、物管用房及商业"建设项目在屋面板混凝土浇筑完毕进行表面清光时，模板及支撑体系坍塌，造成 3 人死亡，直接经济损失 300 余万元。

2. 事故原因

（1）直接原因

满堂支撑架搭设不满足规范规定的基本构造要求、支撑体系承载力不足，支撑体系压曲失稳而整体坍塌。

（2）间接原因

1）施工单位安全生产主体责任不落实。施工单位本身不具备承包兴仁博融天街一期工程建设项目施工资质，用与建设单位的法定代表人同为一人的便利，通过与他人公司联合经营的方式，以他人公司的名义实际组织施工，且复工后安排不具备该工程项目经理资质的人员担任项目执行经理，恢复施工前未对使用的扣件进行抽检。对该建设工程的安全生产主体责任不落实。

2）劳务公司对施工员和安全员履行工作职责督促不力。劳务公司作为兴仁博融天街一期工程建设项目土建工程的劳务承包方，由公司实际控制人负责组织施工，施工员和安全员履行工作职责不到位。

3）监理单位管理责任不落实。在经营过程中管理混乱，没有认真落实安全管理责任。

4）监理单位监督管理不到位。在该工程恢复施工后，没有安排有关人员到所监理的施工现场履行监理单位的监理责任，未对安全技术措施和专项施工方案进行复查，复工后未督促施工单位对扣件进行抽检，复工后未到场履行监理职责，导致该建设工程监理缺位。

5）建设单位履行建设单位主体责任不到位。建设单位作为兴仁博融天街一期工程二阶段的建设单位，签订《建设工程施工合同》时没有认真审核施工单位的有关证明文件、人员身份、有关印章的有效性和真实性；同为建设单位和施工单位法定代表人通过与监理单位签订《联合经营合同》的方式，在施工单位不具备承包该建设项目施工资质的情况下，组建工程管理项目部并实际组织工程施工，导致施工现场管理混乱，施工组织不合理。

6）兴仁县委、兴仁县人民政府、兴仁县东湖街道办事处及兴仁县建筑行业主管部门对该建设项目监督管理力度不够。

3. 事故处理

（1）事故责任单位处理建议

1）对建设单位、施工单位、监理单位、劳务公司给予行政处罚。

2）对县住建局向县人民政府作出书面检查、县人民政府向市人民政府作出书面检查。

（2）事故责任人处理建议

1）对建设单位法定代表人、施工单位法定代表人、监理单位合伙人、劳务公司负责人移送司法机关追究刑事责任。

2）对监理单位法定代表人、监理单位派驻负责人给予行政处罚。

3）对监督单位相关责任人给予党政处分。

1.1.20 案例二十 湖北省黄冈市"9·18"模架坍塌事故（2016）

1. 事故简介

2016年7月28日，黄冈市浠水县散花跨江合作示范区自来水厂送水泵房开始模板支撑搭建，至9月17日搭建完成。9月18日上午7时左右，浠水县散花跨江合作示范区自来水厂现场负责人组织施工人员开始由北向南实施屋面梁板混凝土浇筑，9时30分左右，浇至项目西南角时，已浇筑完成屋面板中部模架系统突然发生坍塌，当时正在作业面上施工的8名工人随整个作业面瞬间坠落，3人安全逃离，2人获救送往医院治疗，3人被困于坍塌物下致死。

2. 事故原因

（1）直接原因

根据调查组技术小组专家分析，事故直接原因为：支撑架体结构为抱柱抱梁，纵横向水平杆未与既有建筑结构可靠顶接以及承重力杆间距过大、水平步距过大、扫地杆距地面高度过大、架体上部自由端高度过大、立杆及纵横向水平杆接头在同一平面、浇筑顺序不符合规范、未按规定设置纵横向剪刀撑，钢管、扣件主要材料质量不满足规范要求等因素，造成架体侧向位移，局部失稳导致坍塌。

（2）间接原因

1）建设单位安全生产主体责任不落实，违法违规建设。一是建设单位作为项目建设单位，在未办理土地证、《建设工程施工许可证》、安全和质量监督手续的情况下，经集体研究，决定"边建设边办手续"，违法推动项目施工，违反《建筑法》第7条规定。二是对施工项目高支模板等危险性较大分部分项工程安全管理不到位，未督促施工单位编制专项方案和专家论证，违反了住建部《关于印发〈危险性较大的分部分项工程安全管理办法〉的通知》（建质〔2009〕87

号）和湖北省住建厅《关于进一步加强危险性较大分部分项工程安全管理的通知》（鄂建办［2004］43号）规定。

2）施工单位安全主体责任不落实，安全管理混乱。一是违反了《建设工程安全生产管理条例》第21条第二款"施工单位的项目负责人应当由取得相应执业资格的人员担任、对建设工程项目的安全施工负责，落实安全生产责任制度、安全生产规章制度和操作规程，确保安全生产费用的有效使用，并根据工程的特点组织制定安全施工措施，消除安全事故隐患，及时、如实报告生产安全事故"的规定，未按中标文件派驻管理人员，而委托无资质人员担任项目负责人。二是违反了《危险性较大的分部分项工程安全管理办法》第5条"施工单位应当在危险性较大的分部分项工程施工前编制专项方案，对于超过一定规模的危险性较大的分部分项工程，施工单位应该组织专家对专项方案进行论证"规定，没有制定专项方案，没有组织专家论证。三是违反了《危险性较大的分部分项工程安全管理办法》第17条"对于按规定需要验收的危险性较大的分部分项工程、施工单位、监理单位应当组织有关人员进行验收，验收合格的，经施工单位项目技术负责人及项目总监理工程师签字后，方可进入下一道工序"规定，未组织相关人员进行验收。四是在没有取得浇筑许可手续的情况下进行浇筑作业。五是对项目安全生产未进行月检，对项目危大工程未进行有效管控。

3）监理单位未认真履行监理职责，工程监理工作失职。一是监理单位在事故发生时资质证书有效期已过。二是在建设施工监理行为中违反了《危险性较大的分部分项工程安全管理办法》第17条"对于按规定需要验收的危险性较大的分部分项工程，施工单位、监理单位应当组织有关人员进行验收。验收合格的经施工单位项目技术负责人及项目总监理工程师签字后，方可进入下一道工序"规定，未组织验收。三是违反了《危险性较大的分部分项工程安全管理办法》第18条"监理单位应当将危险性较大的分部分项工程列入监理规划和监理实施细则，应当针对工程特点、周边环境和施工工艺等，制定安全监理工作流程、方法和措施"规定，未制定监理工作流程。四是违反了《危险性较大的分部分项工程安全管理办法》第19条"监理单位应当对专项方案实施情况进行现场监理；对不按专项方案实施的，应当责令整改、施工单位拒不整改，应及时向有关主管部门报告；建设单位接到监理单位报告后，应当立即责令施工单位停工整改；施工单位仍不停工整改的，建设单位应当及时向住房城乡建设主管部门报告"和《建设工程安全生产管理条例》第14条"工程监理单位在实施监理过程中，发现存在安全事故隐患的，应当要求施工单位整改情况；严重的应当要求施工单位暂时停止施工，并及时报告建设单位。施工单位拒不整改或者不停止施工的，工程监理单位应该及时向有关主管部门报告。工程监理单位和监理工程师应当按照法律、法规和工程建设强制性标准实施监理，并对建设工程安全生产承担监理责任"有关规定，未及时制止施工单位违法违规行为，未向建设单位和有关主管部门报告。

4）劳务公司安全责任不落实，违规出借资质，违规分包。

5）浠水县城乡规划局未履行职责，违法违规审批。浠水县城乡规划局在浠水散花自来水项目建设未取得用地手续前提下，违规办理《建设用地规划许可证》《建设工程规划许可证》，违反了《城乡规划法》第38条、第40条规定。

6）浠水县住房和城乡建设局未按规定履行日常监管职责。浠水县住房和城乡建设局"打非治违"不力，先后于2016年4月、5月、7月到浠水散花跨江合作示范区自来水施工工地进行检查，发现该项目存在未批先建、施工现场混乱等安全隐患，也下发了整改指令，但未依法督促其整改到位。

7）浠水县散花镇（散花跨江合作示范区）党委政府未落实安全生产属地管理职责。未认真贯彻落实党和国家安全生产方针政策和法律法规，未及时发现和向上级主管报告辖区内的自来水厂建设项目未办理手续违规施工的问题。

8）浠水县委县政府未按规定落实安全生产职责。未认真落实党的国家安全生产方针政策和法律法规，未正确树立安全发展理念，对政府投资项目违规行为把关不严，未有效督促政府有关部门履行安全生产职责。

3. 事故处理

（1）事故责任单位处理建议

对市住建委向市政府作出检讨，县政府对县城乡规划局、县住建局在全县范围内通报批评。

（2）事故责任人处理建议

1）对劳务公司法定代表人、负责人由公安机关立案查处，追究刑事责任。

2）对监督部门相关责任人给予政纪处分。

1.1.21　案例二十一　黑龙江省绥化市"10·24"模架坍塌事故（2016）

1. 事故简介

2016年10月24日20时30分，位于明水县仕林苑小区一期C区8号与11号楼间裙房（二层商服楼）发生坍塌事故，死亡3人、轻伤1人，直接经济损失约400万元。

明水县仕林苑小区一期C区8号与11号楼间裙房（二层商服楼）于2016年9月27日开工建设，10月16日二楼柱、梁、板混凝土浇筑完成。10月23日施工现场实际负责人指挥木工等人对一层模板进行拆除，24日16时50分拆除完毕。当天20时30分许，工地质量负责人看到商服楼内有火光，就前去查看，发现有人在该楼一层主体内采用明火烘烤，就前去制止，便发生争吵，在此过程中，该楼发生部分坍塌，裙房二层楼板中部坍塌，主体两端墙体、梁、板坍塌，整体坍塌形状呈倒三角形。3 人被埋在楼内致死，1 人腿部被压在坍塌的建筑物中，后被救出。

2. 事故原因

（1）直接原因

在建二层商服主体施工现场采取的冬期施工措施不足，混凝土强度增长慢，施工违反《混凝土结构工程施工规范》GB 50666—2011 第 4.5.2 条及《建筑施工模板安全技术规范》JGJ 162—2008 第 7.1.1、7.1.2 条的相关规定，混凝土强度没有达到拆模条件，未经批准和计算，强行提前拆模，导致混凝土构件破坏，是明水县仕林苑一期 C 区 8 号与 11 号楼间裙房坍塌的直接原因。

（2）间接原因

1）建设单位存在压缩工期行为。该公司在施工单位签订建筑工程施工合同之外，又与明水县仕林苑小区建设项目分包负责人分别违规签订工程承包协议书，协议书中未按建筑工程施工合同中约定开竣工时间要求开工建设，原定的合同工期为 2016 年 9 月 15 日至 2017 年 10 月 1 日，协议书约定的工期为 2016 年 5 月 10 日至 2016 年 10 月 31 日，存在明显压缩合理工期问题，并与分包负责人约定竣工日期拖延一天对承包人罚款 5000 元。

2）施工单位出卖资质，未履行质量、安全管理职责。该公司作为项目中标单位，项目中标通知书中项目部组成人员均未在本公司任现职，更未参与项目的招投标工作，也从未到明水县仕林苑小区建设项目现场开展任何工作。施工单位将该建设项目有关事宜全权委托自然人负责，其又以施工单位名义与建设单位委托代理人签署了工程承包协议书，经调查其不属于施工单位职员。

3）项目分包负责人挂靠资质、非法转包、未批先建、未履职尽责。该项目《建设工程施工许可证》（编号为 2312251610180127-SX-005）于 2016 年 10 月 20 日颁发，而该项目已于 2016 年 5 月初开工，属未批先建。其未履行项目负责人在质量安全方面的工作职责，将该项目非法转包给自然人并签订了承包协议书。施工现场项目部的管理人员与中标通知书项目部组成人员完全不符，部分管理人员无资格证书上岗。未制定"冬期施工专项方案"，没有按照专家论证、工序会签、组织验收等程序开展冬期施工，混凝土浇筑时没有试块，现场实际技术负责人在工程质量关键环节把关监督不严。

4）施工现场承包人违法承包且未履行职责。与其签订承包协议书后已成为该项目实际负责人，未履行负责人在质量安全方面的工作职责，将施工现场质量安全管理交由实际负责人负责，未对施工人员进行技术交底和安全教育，部分特种作业人员无证上岗，对质量安全方面的管理职责没有落实。

5）监理单位监理工作不到位。在该项目没有取得建设工程许可证的情况下，监理单位相关人员于 2016 年 5 月 1 日进入现场违规开展监理工作。对施工单位未编制冬期专项施工方案且未经专家论证的问题未发监理通知单，监理职责没有得到有效落实；质量监理未履行岗位职责，未参加钢筋质量验收和坍塌事故楼房混凝土模板体系验收，未对坍塌事故楼房进行见证取样。监理未对该项目施工现场管理人员的岗位证书和考核证书检查核实。

6）行业管理部门安全生产工作监管不力。对省、市下发的安全生产重要文件没有部署落实。明水县住建局副局长对省、市下发的安全生产重要文件没有部署落实，对施工项目未批先建，没有采取果断措施。明水县建工管理处主任在对该项目现场检查时发现该项目没有办理施工许可手续，下达了《停工核查通知书》后没有跟踪监督，在中标通知书下来后没有去施工现场对项目部组成人员进行核查，对该项目非法转包问题没有及时发现。明水县质量安全监督站站长，在对施工单位和监理抽查核实质量安全资料时，没有及时发现违规问题，对施工单位下达整改通知单后没有跟踪督导检查，监管工作做得不细、不到位，没有尽职尽责。明水县质量安全监督站副站长，发现中标通知书上项目部人员与施工现场管理人员不一致，只是下达了整改通知单，没有跟踪督办，同时对施工现场部分特种作业人员无证上岗，安全教育培训不到位，缺少冬期施工专项方案等问题没有跟踪督办。明水县城乡规划局副局长，在明水县仕林苑小区建设项目没有取得《建设工程施工许可证》的情况下，对该建设项目进行了规划验线。

7）明水县政府相关领导贯彻落实省、市安全生产工作不力。政府主要领导、分管领导对安全生产主体责任强化落实工作成效不明显。明水县政府副县长，作为主管城建工作的副县长，对全县建筑业市场安全管理领导不力。常务副县长在事故救援出现新情况后，没有督促有关部门及时续报，补报事故信息。

3．事故处理

（1）事故责任单位处理建议

对建设单位、施工单位、监理单位给予行政处罚。

（2）事故责任人处理建议

1）对施工单位项目经理、技术负责人、安全员予以辞退。

2）对监理单位总监理工程师给予撤职处分，对土建、质量监理吊销职业资格证书。

3）对劳务分包责任人由公安机关立案侦查，依法处理。

4）对监督部门相关责任人给予行政问责和撤职处分。

1.1.22 案例二十二 云南省大理市"5·3"脚手架坍塌事故（2017）

1. 事故简介

2017年5月3日14时44分许，大理市海东新区"金尚·银凰庄"项目发生一起脚手架坍塌造成3人死亡、5人受伤的较大事故。直接经济损失295万元。

2017年5月2日，"金尚·银凰庄"项目专职安全员在现场巡视中，发现该抗滑桩存在安全隐患后，对施工班组下达了隐患整改通知单，内容为"架体存在搭设不规范：1. 无抛撑和剪刀撑，2. 无外挂网、平底网，3. 无缆风绳，4. 须停工整改。"施工劳务承包人拒绝签收，施工班组继续作业。安全员将此情况反应给了项目部技术负责人。

5月3日，项目部技术负责人打电话安排安全员去找另外的施工班组去处理发现的隐患。14时许，安全员带了几名架子工去准备整改隐患需要的材料。此时该工作面的脚手架仍未消除安全隐患，施工班组仍未按指令停工，继续作业。

14时44分许，该脚手架上有6名作业人员，2人在14m高处，1人在12m高处，3人在10m高处；地面有2名作业人员在递送钢筋。由于钢筋笼倚靠、起重滑车斜拉、作业人员晃动等因素作用下，脚手架失稳，向南倾倒。在脚手架倒下的过程中，推倒2件钢筋笼一起坍塌。脚手架重约6t，每件钢筋笼重约10t。在高处坠落和物体打击综合作用下，导致班组作业人员3人死亡、5人受伤。

2. 事故原因

（1）直接原因

1）违反《建筑施工扣件式钢管脚手架安全技术规范》强制性条文规定，未安排专业架子工搭设脚手架。跨距严重超标（达3.6m）；未设扫地杆；未设拉结点。扣件未经检查挑选，采用有裂缝的劣质扣件，且扣件螺栓未拧紧。

2）违反《建筑施工扣件式钢管脚手架安全技术规范》强制性条文规定，在脚手架上悬挂起重滑车吊装钢筋。

3）违反《建筑施工扣件式钢管脚手架安全技术规范》规定，当脚手架高宽比大于2时，未设钢丝绳张拉固定措施，未设纵横向垂直剪刀撑、水平剪刀撑；未设垫板；未铺设脚手板；未设防护措施。

4）抗滑桩钢筋笼高度达19m未采取临时固定措施。在箍筋绑扎到10m时，盲目地将主筋接长至19m，使钢筋笼产生较大自由摆动，倚靠在脚手架上。

5）抗滑桩人工挖孔深度达到19m，悬臂部分高度超过19m，专项施工方案未按规定经公司技术负责人审批，未组织专家对危险性较大的分部、分项工程专项施工方案进行论证、审查。

6）在项目部安全员下达的隐患整改通知单后，劳务承包人拒绝签收，违章指挥作业班组在存在大量安全隐患的条件下施工作业，导致隐患未及时整改。

（2）间接原因

1）施工方将边坡支护工程违法分包给不具备施工劳务资质的劳务承包人，劳务承包人又将劳务作业进行了两次违法分包。据《房屋建筑和市政基础设施工程施工分包管理办法》（建设部令第 124 号）第十四条"禁止将承包的工程进行违法分包。下列行为，属于违法分包：（一）分包工程发包人将专业工程或者劳务作业分包给不具备相应资质条件的分包工程承包人的。"

2）施工方未按规定组织技术负责人审批专项施工方案，未组织专家对危险性较大的分部、分项工程专项施工方案进行论证、审查。

3）施工方现场安全管理混乱，安全培训教育流于形式。对施工过程中违章指挥、冒险作业、拒绝停工整改等行为无有效管理措施，隐患未能及时消除而长期存在，导致发生事故。

3.事故处理

（1）事故责任单位处理建议

对施工单位给予行政处罚。

（2）事故责任人处理建议

1）对施工单位项目副经理、劳务承包人移送司法机关立案查处。

2）对施工单位项目经理、技术负责人给予行政处罚。

3）对监督单位相关负责人给予行政问责。

1.1.23　案例二十三　山东省聊城市"5·7"模架坍塌事故（2017）

1.事故简介

2017 年 5 月 7 日 21 时 30 分左右，聊城市公园首府项目 5 号住宅楼，在进行 22 层顶板及东单元电梯井顶板及壁墙浇筑作业过程中发生电梯井顶板坍塌，造成 3 名正在施工人员从高处坠落，经抢救无效死亡。直接经济损失 240 万元。

5 月 7 日，公园首府 5 号楼 22 层进行顶板和电梯井顶板及壁墙混凝土浇筑作业。施工人员 3 人在公园首府项目 5 号住宅楼东侧电梯井顶板共同进行浇筑作业。1 人主要负责抱混凝土泵管，并通过对讲机与塔吊司机联系指挥混凝土泵管移动位置，同时通过对讲机与地面混凝土泵送指挥人员联系，指挥混凝土泵车操作人员进行泵送操作。其余 2 人主要负责操作振动棒进行振捣作业和负责混凝土摊平作业。

16 时左右，施工人员到达 5 号楼 22 层顶板工作面，17 时左右施工人员开始从楼顶东侧往西侧进行混凝土浇筑，当进行东侧电梯井壁墙浇筑作业时，因出现混凝土漏浆现象，在浇筑一部分后停止东侧电梯井壁墙浇筑作业，移至楼顶西侧进行浇筑。21 时 10 分左右，重新浇筑东侧电梯井。浇筑过程中，电梯井顶板坍塌，3 人从电梯井 22 层坠落至负 2 层。

2. 事故原因

(1) 直接原因

经调查分析认定，此次事故发生的直接原因是施工人员违章操作，致使模板支撑的荷载超过了正常的施工荷载；浇筑混凝土软管在施工时弯折使用，在泵送混凝土时，对模板增加了竖向荷载。

(2) 间接原因

1) 个人非法承揽工程。瓦工施工班组非法承揽公园首府项目工程并组织施工，对施工现场缺乏严密组织和有效管理，对施工作业人员安全教育和安全技术交底不到位。

2) 施工单位未依法落实企业安全生产主体责任。施工单位、安全管理机构的责任制度不健全，违法分包工程，对从业人员教育培训及技术交底不到位，项目现场人证不符，危险性较大的分部分项工程未按照要求编制专项施工方案，现场安全管理混乱。

3) 监理单位监理责任落实不到位。监理单位作为该项目的监理单位，在项目施工许可审查、分部分项工程施工方案审核、重点部位施工旁站、施工单位管理人员资格审查、特种作业资格证书审查及检验批验收资料等方面履行监理职责不到位。

4) 建设单位疏于安全管理。建设单位未及时向当地建设行政主管部门申请办理《建筑工程施工许可证》，没有与承包单位签订专门的安全生产协议，约定各自的安全生产管理职责，未对施工单位、监理单位进行有效的统一管理。

5) 主管部门安全监管不到位。东昌府区住房和城乡建设局对公园首府项目工程存在的非法建设、违法分包、企业主体责任不落实等监督检查不力，日常监督检查存在漏洞和盲区，安全生产隐患"大排查、快整治、严执法"集中行动开展不深入、不彻底，隐患整改督促落实不到位。

6) 属地管理责任落实不到位。东昌府区柳园街道办事处党工委未严格落实建设工程质量安全协管职责，未按照东昌府区机构编制委员会《关于加强镇（街道）村安全生产、建设工程质量安全、环境保护、道路交通安全监管工作的通知》（东昌编〔2016〕5 号）要求，落实协助上级有关部门做好限额以上建设工程质量安全的监管职责。

7) 地方政府督查不力。东昌府区人民政府对东昌府区住房和城乡建设局、柳园办事处等单位履行监管职责不到位的情况督促检查和监管不够，督促指导全区开展建筑施工安全生产工作不力。

3. 事故处理

（1）事故责任单位处理建议

1）对建设单位、监理单位给予行政处罚。

2）对施工单位给予行政处罚，暂扣其安全生产许可证。

3）对区住建局向区人民政府作出书面检查，对区人民政府向市人民政府作出书面检查。

（2）事故责任人处理建议

1）对施工单位总经理、项目实际负责人移送司法机关，追究刑事责任。

2）对施工单位生产安全部经理、劳务公司施工班组长给予行政处罚。

3）对监督单位相关责任人给予行政问责和党纪政纪处分。

1.2　事故发生特点及规律

模板支撑系统坍塌事故大多发生在混凝土浇筑阶段。由于混凝土浇筑过程中会有相当数量的施工人员在浇筑面上作业，模板支撑结构倒塌事故发生前没有明显征兆，突发性较强，且支架变形倒塌迅速，作业人员往往无法及时逃生，所以一旦发生模板支架系统坍塌，往往都是群死群伤，社会影响相当恶劣的事故。

模板支架结构作为一种临时支架结构，它的受力和工作状况受许多变化因素的影响。高支撑结构坍塌事故表明，这种结构安全稳定的关键在于支撑脚手架是否稳固。从模板支架坍塌事故中不难发现，由于目前国内超过70％模板支架结构采用扣件式支撑结构，同时，扣件式支撑结构受人为因素影响非常大，因此扣件式钢管高支撑结构坍塌事故在模板工程及脚手架坍塌事故中所占的比例最大。

1.3　事故原因分析

本章以23起较大及以上模板支撑及脚手架坍塌事故作为案例分析，对导致模板坍塌事故的直接原因和间接原因进行统计分析，同时考虑到仅仅依靠这23起事故的统计样本数量不足以客观反映模板支撑工程及脚手架坍塌事故的原因，本书编写设计了针对模板坍塌事故原因的调研问卷，并请该领域相关专家以及各省、市建筑安全监管站、施工企业安全经理等进行填写，同时参考借鉴其他课题研究成果，以此弥补样本数量不足带来的问题，本书中其他类型事故案例也采取了同样的统计分析方法，不再说明。

1.3.1　施工安全技术问题

1. 模架支撑体系搭设存在问题

（1）杆件间距过大，不设剪刀撑。

（2）模架支撑无扫地杆与结构物可靠连接。

不设置扫地杆支撑结构非线性稳定承载力比设置扫地杆减小 15％左右，因此为了保证扣件式钢管高大模板支撑体系的安全，必须设置扫地杆。而扣件式和碗扣式钢管脚手架支撑在施工现场搭设时，施工人员为操作方便，不设置扫地杆的现象时有发生。这致使大部分架体与结构无可靠连接，也是导致坍塌事故发生的主要原因。如江西省德兴市"2·6"模板坍塌事故，架体构造上存在明显构造缺陷，立杆和横杆间距、步距等不满足要求，扫地杆设置严重不足，缺少与结构的连接。周口市"2·1"模板坍塌事故中，架体搭设不合理，存在多处违反规范的构造，导致模架支撑整体坍塌。

2. 混凝土浇筑程序存在问题

混凝土浇筑程序恰当与否，直接影响到模板支架体系的安全工作。在非对称路径下浇筑混凝土，支撑结构受力不对称、不均匀；在对称路径浇筑混凝土，支撑结构所受内力较对称、较均匀，且支撑结构的最大支撑轴力出现在混凝土浇筑完全结束之后。因此，在施工过程中应对称浇筑混凝土。如云南省文山市"2·9"模板坍塌事故中，在混凝土浇筑时没有按照先浇筑柱，后浇筑梁的顺序进行，而采取了同时浇筑的方式而导致了事故的发生；广东省广州市"5·13"模板坍塌事故，不合理的混凝土浇筑流程，导致事故的发生。

1.3.2　模板支撑系统构配件质量问题

在模板支架工程及脚手架坍塌事故调查中发现，脚手架钢管壁厚很少有达到3.5mm 标准规定的要求，部分甚至低于 3.0mm。由于《钢管脚手架扣件》GB 15831 未对扣件质量作硬性规定，导致扣件生产厂家投机取巧，扣件越做越薄，在目前建筑市场上很难找到完全符合标准的扣件；钢管和扣件的多次重复利用，批次不分，厂家不分，使用年限不分的现象非常普遍。如山东省潍坊市"4·30"模架坍塌事故中，钢管壁厚不足，管壁平均厚度不足 3.0mm，管壁厚度全部不合格等。

通过对模板支架工程及脚手架坍塌事故直接原因的分析，模架支撑结构搭设与混凝土浇筑的问题，作业人员违章作业、不按安全专项施工方案施工以及模板支架的钢管、扣件等材料质量达不到要求是导致模板支撑工程及脚手架坍塌事故的主要原因。这 23 起模板支撑工程及脚手架坍塌事故的原因中，模架支撑结构搭设与混凝土浇筑问题是最主要的因素，其次是作业人员违章作业，不按安全专项施工方案施工和模板支架的钢管、扣件、碗口等材料达不到质量标准。

1.3.3　施工安全管理问题

1. 施工单位安全责任未落实

（1）安全专项施工方案编制存在缺陷，技术交底不到位。

在对模板支撑系统坍塌事故案例进行统计分析时，发现很多事故案例都存在着专项方案编制不认真、编制内容抄袭规程规范、使用引用规程规范不当、计算模型与实际搭设不符、稳定性设计计算错误等问题。从目前掌握的一些情况来看，造成安全专项施工方案频繁出现问题有以下原因：部分方案编写人员的模板支架设计理论水平及施工经验不足，缺乏模板支架设计的专业培训；在相当一部分方案编制过程中，工程技术人员闭门造车、东抄西搬，与工程实际相脱节。如福建省福清市"6·2"事故，施工单位编制的高大模板支撑架安全专项施工方案，未报审批，即组织施工。

（2）施工人员违章作业，不按施工方案施工。

本书选取的23起模板支架工程及脚手架坍塌事故中，绝大多数事故都存在作业人员违章施工、施工方法不当等行为。在建筑施工现场，"凭经验、没问题"思想盛行。施工作业人员对施工方案和对技术交底的要求不认真落实，随心所欲地使用和搭设脚手架，造成模板支撑系统稳定性及承载力等不满足要求而导致事故的发生。如：黑龙江绥化市"10·24"模板坍塌事故中，由于混凝土强度没有达到拆模条件，未经批准和计算，强行提前拆模，导致混凝土构件坍塌；山东省聊城市"5·7"模架坍塌事故，施工人员违章操作，致使模板支撑的荷载超过了正常的施工荷载；浇筑混凝土软管在施工时弯折使用，在泵送混凝土时，对模板增加了竖向荷载。

（3）现场安全管理力量不足，特种作业人员不具备资格。

一些施工企业中既懂安全管理理论又具有实际经验的安全管理人员较少，而承揽的工程较多，加之企业各项目之间人员的频繁调动，造成一些工程项目的安全管理人员不能按照规定足额配备，严重影响了项目的安全管理工作。另外一些从事脚手架搭设的人员未持有特种作业人员资格证书，违章违规作业的行为不能得到有效制止。

（4）安全投入不足，降低了安全防护的水平。

为降低工程管理成本，现在许多施工单位将周转材料以"扩大劳务分包"的形式转包给施工劳务队，而施工队再转包给周转材料租赁站。这种层层转包的方式，由于"层层扒皮"，降低了安全防护的实际投入，又增加了安全管理难度。

如黑龙江省绥化市"10·24"模架坍塌事故中,施工单位出卖资质,未履行质量、安全管理职责。项目分包负责人挂靠资质、非法转包、未批先建、未履职尽责。

2. 监理公司未能履行安全责任,对项目监督不到位

一些监理单位对施工现场监理不力,对工程中发现的安全隐患未能及时有效地制止和报告,或有的现场监理工程师对高大支撑结构系统的技术标准和构造要求不了解,对模板工程的专项施工方案没有进行实质性的审查,也未能及时的督促整改。如:河北省唐山市"1·30"模架坍塌事故中,监理单位对施工作业现场监理不到位。对未制定专项施工方案、未进行模板及支架设计、未进行书面安全技术交底、未对模板支架进行检查、施工图未经审查合格的情况下施工作业等违章行为未及时发现并纠正;对备案项目部管理人员长期未到岗履职的问题监理不到位。

3. 作业人员安全生产意识淡薄,安全教育培训不到位

在对模板支撑工程及脚手架坍塌事故原因调查分析中发现,安全教育培训不到位是经常被提及的问题之一。施工作业人员大多数为农民工,他们安全生产意识淡薄,安全素质差,对专项施工的相关要求未能真正落实。而一些施工企业对从业人员的安全教育培训工作不重视,甚至存在弄虚作假的行为,致使施工人员的安全培训及技术交底等工作流于形式。如:云南省文山市"2·9"模架坍塌事故中,由于施工单位在该工程项目施工管理过程中违反基本建设程序,未按照国家相关法律法规办理合法施工手续,即先行开工建设;无视和拒绝执行建设行政主管部门和监理单位的下发的停工指令通知,企业相关负责人多次视施工事故隐患于不顾,盲目组织工人冒险施工;未建立危险性较大分部分项工程安全管理制度,未向从业人员告知作业场所和工作岗位存在的危险因素,没有开展"三级"安全教育培训,管理人员违章、违规指挥,从业人员冒险作业。

4. 建设单位违法发包现象仍然存在

在模板支撑工程及脚手架坍塌事故原因中,很多起是由于建设单位违反规定,将项目指定发包给无资质、安全管理水平不高的私人包工队而导致事故的发生。如:河南省信阳市"12·19"模架坍塌事故中,项目参建各方无视国家法律,违法从事开发建设,实际控制人违法借用他人资质从事开发建设、承揽工程;违法发包工程项目;违法操作招投标;违法压缩建设资金,未按要求提取安全文明经费;违法压缩施工工期;擅自变更工程设计;未建立安全生产责任制,未能建立应急救援体系。

1.4 预防措施

1. 严格建筑施工安全专项方案编制审核

施工、监理等单位应严格按照住房和城乡建设部《危险性较大的分部分项工程安全管理办法》（建质〔2009〕87号）的有关要求、编制、审核和审批论证建筑施工安全专项方案。对搭设高度超过5m以上的模板支架，专项方案必须经施工单位技术负责人、项目总监理工程师审核签字。对于高度超过8m以上的模板支架，施工单位必须组织脚手架专业方面的专家对建筑施工安全专项施工方案进行严格论证。

2. 加强模板搭设过程的安全管理

建筑施工模板支架搭设必须由持有建筑施工特种作业操作资格证书的架子工进行。模板支架搭设前，施工单位应当按规定对作业人员进行安全技术交底，明确搭设参数和构造要求，搭设过程中，施工单位应当严格按照模板设计及专项施工方案实施，指定专人实行过程监控，对剪刀撑设置、连接件安装质量等关键节点验收，并如实填写验收记录。搭设完毕后，必须经施工单位项目技术负责人、项目总监理工程师验收签字，确保安全可靠后，才能浇筑混凝土。模板支撑的拆除，必须在确认混凝土强度达到设计要求后才能进行。且拆除的顺序也应严格遵照模板施工技术方案的要求，严禁野蛮拆模。

3. 施工企业认真落实安全生产主体责任

施工企业认真落实安全生产管理职责，按照有关规定，配备安全管理人员，对无法履职、无能力履职的人员及时予以更换；应定期对施工现场进行安全检查，消除安全隐患。要切实加强安全生产培训教育工作，认真落实三级教育制度，切实提高从业人员安全意识和安全技能，杜绝违章作业，防范事故放生。加强对分包单位的安全管理，严格将工程项目分包给不具备安全生产许可证的劳务队伍，在分包合同中明确各单位的安全管理职责，并定期进行检查、考核、严禁以包代管。

4. 监理单位应切实加强现场安全管理、认真履行安全监理职责

监理单位要按照规定配备项目监理人员，确保企业资质、人员数量、资格等条件符有关要求。要加强对现场的安全管理工作，督促施工单位安全管理人员到位、履职。要切实做好施工关键环节、关键工序的旁站监理工作；要及时巡查现场安全状况，对发现的违规行为和安全隐患责令相关单位进行整改，对拒不整改的。及时报告政府主管部门。

监理单位要严格按照《建设工程监理规范》GB/T 50319—2013履行建设工

程安全生产管理法定职责，严格按照《建设工程高大模板支撑体系施工安全监督管理导则》的要求，编制安全监理实施细则，明确对高大模板支撑体系的重点审核内容、检测方法和频率要求，严格按照审批的施工专项方案对高大模板支撑体系搭设。拆除及混凝土浇筑过程中的安全管理。

5. 加大违法行为查处力度

住房城乡建设主管部门应当加大对模板支撑系统安全监管力度，严厉查处不按规定编制、审核、论证、执行模板支撑系统专项方案，不按规定进行材料查验、资格审核、技术交底、搭设验收、混凝土浇筑等违法违规行为，及时消除重大安全隐患。

第2章　建筑起重机械事故案例分析及预防措施

　　此章节包含22起典型事故案例，其中塔式起重机事故12起，高处作业吊篮事故4起，施工升降机事故3起，物料提升机事故2起，汽车式起重机事故1起。建筑机械是建筑业重要的工具，是作为施工现场运输必不可少的设备，尤其在高层、超高层建筑结构中应用越来越广泛。但建筑机械事故历来多发，且事故后果严重。结合近年来的统计数据，对各类事故的特点和原因进行简要分析，并提出预防措施。

2.1　案例介绍

2.1.1　案例一　湖南省长沙市"3·7"吊篮坠落事故（2013）

　　1. 事故简介

　　2013年3月7日约8时45分，正在建设的长沙市先导区绿地中央广场第一标1号西南向发生吊篮坠落事故，造成了3人死亡的严重后果。

　　2013年3月7日上午外墙涂料施工班组开始对1号栋A单元做外墙涂料，3人乘坐A单元南面东侧吊篮（吊篮架体长7m）进行施工，8时30分左右吊篮坠落。3名在吊篮内作业的工人坠地，当即送医抢救无效死亡，3名死者均为广西人。

　　2. 事故原因

　　（1）直接原因

　　1）吊篮安装无技术管理人员把关，吊篮安装时悬挂吊篮西端的两根钢丝绳在上部悬挂连接处的钢丝绳卡均未拧紧，钢丝绳在承载受力后绳头滑出，导致吊篮西端失去悬挂向下坠落。吊篮一端坠落形成的冲击力致使吊篮东端的钢丝绳悬挂耳板变形，悬挂插销从耳板中脱落，钢丝绳滑出，导致整个吊篮从高空坠落。

　　2）吊篮安装后未经检测、验收违规投入使用。因安装后未按规定检测、验收，安装中存在的问题没有被发现排除，带病投入使用，导致吊篮坠落事故发生。

　　3）违章操作、超载运行。违反"吊篮内的作业人员不应超过2个"的强制性条文规定，3 人同时在吊篮内进行高空作业。

4）未按规定使用安全防护用具。3 人在吊篮内高空作业均未按规定使用安全带。吊篮坠落时作业人员失去安全保护，3 人随吊篮一同坠落死亡。

（2）间接原因

1）违规发放施工许可。该项目施工许可证于 2011 年 8 月 9 日签发，而建设工程规划许可证于 2011 年 11 月 7 日签发，签发程序违反相关法律法规。

2）违法开工建设。该项目于 2011 年 8 月 9 日取得施工许可证，此时项目形象进度已施工到主体 7 层，项目 1、2、9、10 号栋及一区地下室报建手续滞后，存在违法。

3）对分包单位的管理不严。分包单位设备的进场、安装、检测、验收、使用等过程存在违规行为，施工总包单位只是进行口头告知制止，没有正式通知，未及时组织、督促分包单位进行设备的安装、验收、设备使用登记备案。

4）现场关键岗位人员履职不到位。施工总包单位项目经理履职不到位，项目由生产经理负责日常管理，监理单位总监履职不到位，项目由总监代表负责日常监督，且证件不在该项目。

5）监理单位未认真履行安全监理责任。监理人员发现设备进场，进行违规安装，没有及时制止，签发书面通知，只对现场安装人员进行口头告知，在告知无效的情况下，也未将安全隐患及时报告安全监督部门。

6）建设单位管理不严。外墙涂装工程分包合同由建设单位、施工总包单位、分包单位三方签订，建设单位现场施工管理人员没有认真履行好工作职责，没能及时发现和消除存在的重大生产安全隐患。

3. 事故处理

建设单位在本次事故中承担次要责任。对建设单位处以合同价款 2% 的罚款。施工单位在本次事故中负主要责任。对施工单位的项目经理处 20 万元的罚款，记严重不良行为一次。监理单位在本次事故中负有次要责任。监理公司处 20 万元的罚款，记严重不良行为一次，对项目总监记严重不良行为一次，并处 2 万元罚款。分包单位处以暂扣安全生产许可证 90 日，记严重不良行为一次。建设部门、综合行政执法支队认真吸取本次事故教训，理清职责，作出深刻检讨，并在全市通报。

2.1.2 案例二 云南省澄江县"3·30"塔机倾翻事故（2013）

1. 事故简介

2013 年 3 月 30 日 13 时 5 分，该项目 2 号塔式起重机在安装完基础节，在顶升至第 5 个标准节时，塔机上部结构（包括：起重臂、平衡臂、回转机构、顶升套架）发生倾覆。起重臂砸到地面，打击到施工现场 3 名作业人员。现场有关人员和施工单位立即组织人员进行自救互救，并拨打急救电话 120 和 110，急救中心和公安第一时间赶到现场进行抢救。经 120 急救中心确认，2 名作业人员当场死亡，另 1 名重伤人员在转院抢救途中无效死亡。

经调查，澄江县宽澄鼎元二期 2 号塔机型号为 C5513〔QTZ80〕，于 2013 年 3 月 28 日开始安装，至 3 月 30 日上午开始顶升。13 时左右，该塔机顶升至 23m 高度。第 5 个标准节进入引进架时，拆装队长叫塔机司机离开司机室到顶升上平台协助其他同伴工作。就在该标准节就位待固定过程中，起重臂已被西风吹向东北方向，与塔机正常升降塔安装方向约成 40°角（据澄江县气象局资料证明，事发当时风速为 6.9～7.3m/s，风向西，风速小于说明书允许的最大的顶升风速 60km/h 即 16.67m/s），证明塔机回转机构制动失效处于风标状态，起重臂被风吹离正常升降塔位置，致塔机顶升后的上部结构平衡被破坏，造成塔机上部结构荷载由顶升油缸侧塔身标准节左侧单肢主弦杆承担（正常顶升时，塔机上部结构荷载由塔身液压油缸侧标准节左右两肢主弦杆承担），使顶升油缸侧塔身左主弦杆被压屈曲破坏，塔机操作平台上 4 名安拆人员，意识到情况危急后迅速相继撤离到地面。与此同时塔机上部结构向西北方向扭转坠落，酿成事故。

2. 事故原因

（1）直接原因

1）塔式起重机安装人员过少，职责不清，司机离开正常工作岗位，是原因之一。

2）不排除风力作用，塔基基础不平整，回转制动失效，导致起重臂转动，已安装的第 4 标准节扭转失稳，是原因之二。

3）已安装的第 4 标准节变形未检查、未校正就安装就位，致使第五标准节不能正常就位安装，是原因之三。

4）塔机安装作业时危险区域内未封闭警戒，致地面人员伤亡，是原因之四。

（2）间接原因

1）该塔机安装无安装专项施工方案。

2）无塔机安装前塔机基础检查验收记录，塔机基础积水，不符合 JGJ 196—2010 第 3.1.2、3.4.1 条的要求；用经纬仪测量塔身 13m 高度的垂直度，向西北方向偏斜 86mm，6.62‰（标准为 4‰）；水平仪测量塔身安装底架的四个角，最大高差右后角为 8mm（标准为 1‰不大于 1.6mm）。

3）无塔机安装前的零部件检查记录，导致变形的塔身标准节安装后在高空套架内进行校正修理。

4）安装现场无专业技术人员。

5）塔机安装前无书面安全技术交底和相关人员签字。

6）施工现场拆装人员配置只有 5 人，按相关安全作业实际要求除警戒监护人员外至少还应配备 6 名安装作业人员。

3. 事故处理

（1）第一设备租赁单位在此事故中负主要责任，建议吊销该公司安全生产许可证和建筑业企业资质证，并处 30 万元罚款。

（2）第二设备租赁单位负次要责任，建议吊销该公司安全生产许可证和建筑业企业资质证，并处 30 万元罚款。

（3）总包单位在此次事故中承担连带责任，建议暂扣安全生产许可证三个月，吊销该公司项目负责人一级建造师资格证书，并处 5 万元罚款，对该公司项目副经理（执行经理）处 2 万元罚款。

（4）监理单位在此次事故过程中负有次要责任，对监理公司处 20 万元罚款。

2.1.3 案例三 湖北省远安县"5·21"塔机事故（2013）

1. 事故简介

2013 年 5 月 21 日 10 时左右，远安县双利村一建筑工地拆除塔吊时，发生塔吊倾覆事故，致 5 人死亡。

2012 年 2 月，塔主（个人）从设备产权单位某人手中购买 QTZ40 型号塔式起重机设备经营。2012 年 3 月 31 日至 4 月 1 日，塔式起重机设备进场并完成安装，塔主利用私刻公章，假冒设备产权单位与总包单位签订《安全协议书》（签订时间 2012 年 4 月 4 日）及《塔式起重机安装合同》（签订时间 2012 年 4 月 6日），随后塔主假冒设备产权单位名义，于 4 月 16 日与总包单位、监理单位共同进行了塔式起重机设备安装合格验收。2012 年 9 月 18 日，塔主组织一家未在宜昌办理业务登记备案的检测单位出具了塔式起重机检验合格报告，2012 年 9 月21 日，塔主继续假冒设备产权单位名义，经建设工程安全监督站资料审核后，办理了安装验收合格登记手续（该工程 2012 年 4 月 18 日至 2012 年 9 月 20 日停工）。

2013 年 5 月初项目主体工程施工结束，塔主 5 月 19 日电话通知总包单位项目经理准备近期拆除塔式起重机设备，在未办理塔式起重机设备拆除手续的情况下，于 5 月 21 日上午 7 时左右，带领 4 名无操作证人员，进入远安县鸣凤镇南门安置房建筑工程施工现场，对塔式起重机设备进行拆除，约 9 时 50 分，正在拆除中的塔式起重机起重臂、塔帽及平衡臂等突然倾覆，导致塔式起重机上的 5名作业人员坠落，3 名作业人员当场死亡，2 名作业人员经抢救无效死亡。

2. 事故原因

(1) 直接原因

在塔式起重机设备拆除时，塔主未拿出拆除方案经施工总承包单位签字同意，未向监理单位报告，带领4名无操作证人员进行塔式起重机设备拆除作业，在拆除设备标准节过程中，拆除人员违反操作规程，在起重臂和顶升油缸处于同一侧的状态下，反向顶升作业，导致塔机上部结构整体失稳，顶升套架解体后倾覆，塔式起重机设备上5名作业人员坠落，事故发生。

(2) 间接原因

1) 总包单位项目经理，对塔式起重机设备租赁、安装、使用、拆除等环节管理不到位。在塔式起重机设备进场安装完成后，与塔主签订《安全协议书》和《塔式起重机安装合同》，在租赁设备签订协议以及委托设备安装拆除前未检查设备租赁、安装拆除单位对许某的授权文件，未核查设备租赁、安装拆除单位的许某提供资料的真实性，在设备安装过程中未认真审核作业人员的特种作业操作资格证书，未对设备拆除人员进行作业前的安全技术交底工作，对许某未办理塔式起重机设备拆除手续进场拆除设备的行为未进行有效制止，未能发现和制止许某等人的违章作业行为。项目部安全员履行现场安全管理职责不到位。上述问题是导致事故发生的主要原因。

2) 监理单位项目总监，在监理过程中履行总监职责不到位，在未认真核查许某提供资料的真实性、未核查塔式起重机设备安装单位资质和安全生产许可证是否合法有效情况下，设备进场安装结束后，审核签字同意了塔式起重机的《安装方案》，在塔式起重机设备未经检验检测机构检验合格的情况下，参与了塔式起重机共同验收并签字。总监代表驻现场，履行现场监理职责不到位，在设备安装、使用过程中未严格审核作业人员的特种作业操作资格证书，未及时发现和制止许某等人的违章作业行为。上述问题是导致事故发生的主要原因。

3) 建筑施工起重机械安全管理部门和具体安全监督机构，对建筑安全工作监管不力，"打非治违"不到位，对工作人员教育、管理力度不够，未认真贯彻落实有关安全生产法律法规，对安全监管工作指导、检查、督促不力。建设工程安全监督站退休返聘工作人员履行副站长职责，在办理塔式起重机设备安装登记、使用登记手续，审核登记资料过程中未发现租赁合同系非法定代表人或未受其委托的人签订的合同，未审核设备产权单位专业承包企业资质等级证书和安全生产许可证原件，未审查起重设备安装特种作业人员资格证书和使用特种作业人员资格证书原件，未认真审查起重设备安装特种作业人员资格证书复印件，未认真审查塔式起重机设备进入施工现场前设备状态完好证明，未建立本行政区域内的建筑起重机械登记档案，有玩忽职守行为。上述问题是导致事故发生的主要原因。

4）塔式起重机产权单位对设备管理不严，事故前不清楚本公司备案设备（事故所用编号）以及备案证件去向，未履行产权单位的设备管理责任。上述问题是导致事故发生的重要原因。

5）建设单位未督促施工总承包单位、监理单位建立健全安全生产管理制度。上述问题是导致事故发生的重要原因。

3. 事故处理

建议将 3 名事故直接相关人员移交司法机关处理。建议给予 5 名建筑施工起重机械安全管理部门和具体安全监督机构中与此事故相关的人员党纪、政纪处分和组织处理。建议对总包单位、监理单位和相关人员作出行政处罚。建议住建局向县人民政府作出深刻检查。

2.1.4 案例四 江苏省盐城市"8·9"塔吊倒塌事故（2013）

1. 事故简介

2013 年 8 月 9 日 15 点 50 分左右，位于盐城市盐都区西环路与新都路交汇处西南侧房地产开发项目俊知香槟公馆 2 号楼建设工地，发生一起塔吊顶升作业过程中顶部倒塌事故，造成 3 人死亡，直接经济损失约 300 万元。

2012 年 11 月，型号 QTZ63A 塔吊所有人，挂靠一建筑设备租赁公司，与总包单位洽谈塔吊租赁业务，双方签订了《建筑设备租赁合同》，总包单位将俊知香槟公馆项目 2 号楼塔吊租赁、安装、拆卸等工程业务全部分包给不具备安装、拆卸资质的建筑设备租赁公司。合同中约定 2 号楼塔吊租金及其他费用由工程施工项目部直接与塔吊所有人结算。塔吊所有人将 2 号楼塔吊安装、拆卸工程转包给一设备安装有限公司。

2012 年 11 月 22 日，2 号楼塔吊进行安装并投入使用。在进行第一次顶升作业时，设备安装公司提出更换顶升横梁的建议，塔吊生产单位非法对顶升横梁进行一设计变更，组织生产了仅此一个设计上存在缺陷的顶升横梁，未经检验合格非法出厂安装。

2013 年 8 月 9 日上午 7 时左右，塔吊所有人、塔吊驾驶员，安装公司塔吊 2 名安装人员到俊知香槟公馆项目工地，对 2 号楼塔吊进行第三次附着、顶升作业。下午 15 时 50 分左右，在完成第二节标准节加装后，进行第三节顶升、加节作业时，塔吊起重臂、平衡臂、塔帽、回转支承、顶升套架等上部结构重心偏移，突然失稳并坠落地面，2 名顶升作业人员及塔吊驾驶员从 70m 左右高度坠落。

2. 事故原因

（1）直接原因

1）塔吊操作人员违规操作。塔吊操作人员在进行顶升作业时，未能将塔吊配平，确保平衡，致使第一步顶升高度到位后，套架和标准节的相对位置不正确。在此情况下，塔吊操作人员违规松开回转刹车，进行回转或变幅操作，以求实现套架和标准节相对位置的准确。从而造成塔吊上部结构重心偏移、失稳。

2）塔吊顶升横梁设计存在缺陷。更换后的顶升横梁，改变了原油缸支座的销轴方向（与更换前作 90°调整），且安装塔吊横梁的油缸支座中心与顶板踏步槽支撑轴不在同一轴线上。提供的顶升横梁更改设计图纸与更换后安装的实物之间，还存在部分尺寸不符，在产品制造质量检验管理上存在混乱现象。

（2）间接原因

1）总包单位非法分包，现场安全管理严重缺失。该公司将俊知香槟公馆项目 2 号楼塔吊安装、拆卸工程非法分包给不具备资质的租赁公司；安全生产责任制不落实，未审核塔吊安装、拆卸工程专项施工方案有关附着、顶升等方面的内容，未指定专职设备管理人员进行现场监督检查，专职安全生产管理人员未对塔吊安装、拆卸、使用情况进行监督检查，是这起事故发生的主要原因。

2）设备租赁公司非法承包，安全管理混乱，该公司不具备资质，同意塔吊所有人非法挂靠公司资质承包俊知香槟公馆项目 2 号楼塔吊租赁、安装、拆卸工程；塔吊所有人又将 2 号楼塔吊安装、拆卸工程非法转包给设备安装公司，无建筑施工特种作业操作资格证，非法参加塔吊顶升作业地面工作；该公司未按规定建立和落实安全生产责任制，公司负责人未经安全培训无证上岗，未建立设备管理、教育培训、隐患排查治理等规章制度及相关台账，是这起事故发生的次要原因。

3）设备安装公司违章作业，安全管理混乱。该公司对建筑塔吊安装拆卸工操作资格证书审查把关不严，未编制塔吊安装、拆卸工程专项施工方案有关附着、顶升等方面的内容，未组织安全施工技术交底，塔吊操作人员配备不足，违章作业；公司安全生产责任制不落实，未按规定配备专职安全员，安全管理规章制度不全，是这起事故发生的次要原因。

4）监理公司现场监理工作严重不力。未对塔吊安装、拆卸工程专项施工方案有关附着、顶升等方面的内容进行审查，未制定塔吊附着、顶升安全监理工作流程、方法和措施，未对塔吊附着、顶升实施情况进行现场监理；项目监理部安全管理混乱，进场监理人员与备案人员不符；专业培训不到位，项目监理部人员对塔吊顶升安装作业缺乏专业的监理知识，是这起事故发生的次要原因。

5）设备生产厂家非法生产，技术管理混乱。该公司不具备设计资质非法对该塔吊顶升横梁进行设计变更、生产和更换，更换后的顶升横梁设计存在缺陷，是这起事故发生的次要原因。

6）建设工程质量安全监督站在建设工程安全管理上存在巡查工作不到位，是这起事故发生的一定原因。

3. 事故处理

根据市政府批复的意见，依照有关规定，对14名事故责任人员作出严肃处理，其中，3名责任人被移送司法机关进行处理，11名责任人分别受到政纪处分和行政处罚。市安监局依据有关规定，对总包单位给予罚款23万元行政处罚；对设备租赁公司、设备安装公司、监理公司、生产厂家分别给予罚款20万元的行政处罚。市城乡建设局依据有关规定提请省住房和城乡建设厅对总包单位、设备安装公司分别给予暂扣《安全生产许可证》90日，在2年内不得增加资质升级行政处罚；对监理公司给予在2年内不得增加资质升级的行政处罚。同时，责成区住房和城乡建设局向区人民政府作出书面检查。责成区人民政府向市人民政府作出书面检查。

2.1.5 案例五 江苏省江阴市"2·22"塔机高坠事故（2014）

1. 事故简介

2014年2月22日16时30分左右，江阴市凤凰凯旋门A地块工程工地，施工作业人员在进行塔吊安装作业时，发生一起高处坠落事故，造成1人当场死亡，2人重伤。至当晚7时30分许，2名重伤人员因伤势过重，经抢救无效先后死亡，直接经济损失约340万元。

2014年1月23日，安装承包人安排塔吊安装作业人员和起重机械等进场，开始塔吊安装作业。春节前完成1台塔吊的安装作业。2月15日后，又先后完成2台塔吊的安装作业。2月20日，安排一班组安装第4台塔吊（施工现场5台塔吊中的第5台），此班组组长又安排另外2人共同进行安装作业。

2月22日下午，此2人外带2人继续安装塔吊，作业内容为加节至安装高度（安装承包人不在施工现场）。至16时30分，安装最后一节标准节，此时塔吊安装高度约30m。当作业人员操作液压油缸顶升塔吊时，塔吊回转承台以上部分瞬间快速向下落约3m，产生剧烈震动。操作平台受震动后脱落，3名在操作平台上的作业人员随操作平台坠地。

事故发生后，2名伤员在第一时间被送往医院抢救，因伤势过重，抢救无效先后于当日死亡。

2. 事故原因

（1）直接原因

塔式起重机顶升时，作业人员操作不当，未能使顶升横梁销轴完全就位于踏步内，且未将顶升套架四周的操作平台用螺栓连接为整体，致销轴滑出踏步，塔式起重机回转承台以上部分失去支撑，快速下落约 3m，强烈震动造成操作平台脱落坠地，引发事故。这是本起事故发生的直接原因。

（2）间接原因

1）塔吊安装承包人无塔吊安装施工资质承接塔吊安装作业，未按规定至市建设局办理安装告知手续，且在塔吊安装作业前，未编制塔吊安装施工专项方案、未组织安全技术交底、未编制应急预案；在塔吊安装作业过程中，其本人未在现场管理，也未安排技术负责人在场巡查，致塔吊安装作业的安全完全失控。这是本起事故发生的主要原因。

2）凤凰凯旋门 A 地块工程项目经理部施工管理存在漏洞，在项目未取得施工许可的情况下，违规组织施工；明知塔吊安装作业未告知市建设局，仍同意塔吊安装作业人员进场安装塔吊；塔吊安装作业前，未审核安装单位资质和人员证书，未审核安装专项施工方案和应急预案；塔吊安装作业过程中，未指定安全员到场监督安装作业。这也是本起事故发生的主要原因。

3）总包单位对承建的凤凰凯旋门 A 地块工程工地管理不到位，在工程无施工许可证的情况下，组建项目经理部进场施工；同时，总包单位事故隐患排查制度和安全检查制度流于形式，在近 1 个月的时间内，未制止项目部违规组织 5 台塔吊的安装作业，亦未审核安装单位资质、审批施工专项方案。这是本起事故发生的重要原因。

4）监理单位凤凰凯旋门 A 地块工程监理工作开展不到位，在塔吊安装前，未审核安装单位资质和人员证书；明知塔吊专项施工方案未经监理审批同意，却在近 1 个月的时间内未制止塔吊安装行为，也未向建设行政主管部门报告；且在事故发生后，向事故调查组提供虚假停工指令单。这也是本起事故发生的重要原因。

5）建设单位在凤凰凯旋门 A 地块工程实施过程中，未正确履行建设单位职责，在未取得施工许可的情况下组织施工单位进场作业，且不配合市建设局稽查大队的调查工作。这也是本起事故发生的原因。

6）市建设工程稽查大队明知未办理建筑工程施工许可证，对其土方施工等违法行为未进行深入调查，仅限于口头或电话询问和催办。2013 年 12 月 27 日取得《建设工程规划许可证》后，直至本起事故发生的近 2 个月内，对施工许可手续办理情况跟踪掌握不及时，未发现及制止建设单位组织非法施工的行为。这是本起事故发生的监管原因。

7）市建设局对江阴市建设工程稽查大队"打非治违"的落实情况督查检查不力，疏于监管，对非法建设行为失察。这也是本起事故发生的监管原因。

3. 事故处理

（1）建议给予建设单位、总包单位、监理单位行政处罚。

（2）该起事故暴露出该市存在建设工程项目未批先建的问题，建设行业主管部门监管存在漏洞，建议市建设局向人民政府作出深刻书面检查。

2.1.6 案例六 黑龙江省牡丹江市"6·26"塔吊倾覆事故（2014）

1．事故简介

2014年6月26日11时40分许，牡丹江市"裕华园"4号综合楼建筑施工工地发生一起塔吊倾覆事故，5名作业人员在拆卸塔吊（型号为QTZ63）时，塔吊起重臂、平衡臂、驾驶室整体发生倾覆，当场造成3人死亡，1人轻伤，另外1人逃生。

2014年6月26日6时许，某起重设备安装公司4名作业人员来到牡丹江市"裕华园"4号综合楼（主体已竣工）建筑施工工地准备拆卸塔吊（型号为QTZ63），某建筑安装公司塔吊司机操纵塔吊配合拆除工作。4名拆卸作业人员站在塔吊第二个平台上，1名拆装作业人员负责拆卸螺丝、开油压缸等技术性工作，其余3人在指挥下干一些卸螺丝递工具的杂活，1人负责把拆卸下来的零件用吊车运送到地面。10时许，1名作业人员发生更换。至11时40分许，已拆卸掉1个标准节，忽听塔机发出巨大声响，横梁两端突然发生断裂，前臂后甩塔帽向下一并落地。在塔吊倾覆瞬间，1人跳起抓住楼顶避雷钢筋，攀爬到楼顶侥幸逃生，其余4人随机体坠落。事故发生后，施工单位及时上报市政府相关部门，市建设局、市安监局、市公安局分局、市总工会以及市监察局等部门领导及工作人员急赴现场指导救援。市120接报后，紧急出动救护车前往事故地点，经医护人员现场检查确认，3人死亡，1人受伤。3名死亡人员被送往市殡仪馆安置，伤者被立即送往市第二人民医院实施救治。

这起事故造成直接经济损失145万元。

2．事故原因

（1）直接原因

1）该塔吊平衡重与实物、图纸、产品使用说明书三者不一致，重量超出1.22t，误导了拆卸人员对平衡点的确定。

2）拆卸工人在没有找好平衡，无法将第2标准节上部与下支座进行螺栓连接的情况下，拆卸了第2标准节与第3标准节的螺栓，并进行了卸载操作，违反了操作规程。

3）制造企业套架横腹杆所用材质存在质量问题。从材质化验报告看，碳的含量过高，导致韧性降低。在拆卸工人调整平衡的过程中，产生后倾力矩，导向轮崩掉使套架后横腹杆受到撞击后脆断，加速了塔机倾翻。

（2）间接原因

1）塔吊拆卸专项施工方案编制不规范，未经总、分包单位技术负责人和项目监理机构总监理工程师审核签批。

2）施工企业未对进入施工现场塔吊拆卸作业人员进行安全教育培训，未向从业人员告知作业场所和工作岗位存在的危险因素、防范措施以及事故应急措施，未在拆卸作业前对作业人员进行安全技术交底。

3）监理机构未对塔吊拆卸作业人员进行作业资格审验，塔吊拆卸作业人员均无证上岗。

4）施工企业项目经理更换频繁、没有任命文件且不具备相关资格，施工后期项目部没有配备技术负责人，施工管理不规范。

5）施工作业人员没有佩戴安全帽、安全带等安全防护用品。

6）施工作业现场没有安全管理人员进行现场监督，监理机构履职不力，没有及时发现事故隐患。

3. 事故处理

（1）对事故发生单位责任认定及处理建议

对于建筑安装公司，建议由市安监局对其处以 22 万元罚款。对于起重设备安装公司，建议由市安监局对其处以 21 万元罚款。监理公司，建议由市安监局依据国家安全生产相关法律法规的规定给予行政处罚。

（2）对事故有关人员的责任认定及处理建议

3 位作业人员，无建筑起重机械安装拆卸操作资格证，鉴于其本人在这起事故中死亡，故责任不予追究。受伤作业人员，无建筑起重机械安装拆卸操作资格证，对这起事故的发生负有直接责任，建议按公司内部管理规定处理。起重设备安装公司实际投资人，作为公司主要负责人，只对其公司予以处罚，不再对其个人处罚。建筑安装公司安全科长，建议按公司内部管理规定处理。建筑安装公司代项目经理，不具备建造师执业资格，对这起事故的发生负有管理责任，建议按公司内部管理规定处理。建筑安装公司总经理，建议由市安监局根据国家安全生产相关法律法规的规定给予其 3000 元罚款。监理单位安全监理工程师建议按公司内部管理规定处理。监理单位总监理工程师建议由市安监局根据国家安全生产相关法律法规的规定给予其 2000 元罚款。建议由市监察局按有关规定对建设局安全监察站相关人员作出处理。

2.1.7　案例七　新疆乌鲁木齐市"7·1"塔机倾覆事故（2014）

1. 事故简介

2014 年 7 月 1 日 21 时许（北京时间，下同），位于乌鲁木齐市钱塘江路 5 号的和瑞·外滩1号建设项目建设施工工地发生一起重伤害事故，事故导致3人死亡，3人轻伤，2辆社会车辆不同程度受损。

2014年7月1日上午11时许，安拆承包人联系安排3名人员前去和瑞·外滩1号建设工程项目安装附墙和塔吊顶升，安拆承包人因有事未能前往。18时左右，3名人员和塔吊司机一同上了塔吊，塔吊司机进行塔机操作，1人在地面指挥，1人负责顶升油缸，2人负责挂标准节、拧螺丝、安装标准节顶升塔吊。21时许，在顶升第5节标准节时，塔吊突然停电，1人遂沿着标准节自上而下查看原因、查看至第2节标准节时，发现塔吊已由北向东移动，偏移重心后倾覆，塔吊司机和2名顶部作业人员3人坠落地面。

2. 事故原因

(1) 直接原因

和瑞·外滩1号项目在塔机顶升作业时塔机供电回路接线端子漏电导致开关跳闸；停电后，塔机操作室备用电源被人为关闭，致使塔机刹车系统失灵；塔臂遇风后由北向东发生转动，重心失衡，导致塔机坠落，造成现场3名施工作业人员死亡。

(2) 间接原因

1) 建设单位将塔机顶升标准节及附墙安装工程违规发包给无起重设备安装资质的安拆单位，公司未对项目塔基顶升作业进行现场监督检查消除隐患。

2) 安拆单位作为塔机所有权单位，在无起重设备安装资质的情况下，违规承揽和瑞·外滩1号项目塔机顶升标准节及附墙安装工程；安拆单位违规组织人员对和瑞·外滩1号项目塔机进行顶升及附墙安装作业。

3) 监理单位，在实施监理过程中未能对和瑞·外滩1号项目塔机安装及使用情况进行有效监督，未对塔基安装专项方案实施审查，未能发现和制止建筑施工单位违规发包，未能发现和瑞·外滩1号项目塔机顶升标准节及附墙安装工程中的违规情况及隐患，未能履行监理职责。

4) 市建设工程安全监督站未能对和瑞·外滩1号项目进行有效监督；自2013年7月该项目开始施工至事故发生，安监站工作人员在多次巡检过程中未能发现塔机顶升标准节及附墙安装工程中的违规情况。

3. 事故处理

(1) 对事故相关单位的责任认定及处理意见

给予总包单位50万元罚款的行政处罚。给予安拆单位公司50万元罚款的行政处罚。给予监理单位23万元罚款的行政处罚。建议市建设工程安全监督站向市建委作出深刻书面检查。

(2) 对事故相关人员的责任认定及处理意见

建议移送司法的事故相关人员。

给予总包单位办事处商务经理上一年度收入百分之四十罚款的行政处罚，总包单位办事处主任上一年度收入百分之四十罚款的行政处罚，总包单位法定代表人上一年度收入百分之四十罚款的行政处罚，安全监理上一年度收入百分之百罚款的行政处罚，现场总监上一年度收入百分之四十罚款的行政处罚，监理单位法定代表人上一年度收入百分之四十罚款的行政处罚。

建议给予行政（内部）处理的事故相关人员。

建议总包单位依照企业内部管理规定给予专职安全员相应的处分。市建设工程安全监督站依照内部管理规定给予市建设工程安全监督站科长的处分。

2.1.8　案例八　贵州省铜仁市"8·1"塔机倾覆事故（2014）

1. 事故简介

2014 年 8 月 1 日 18 时 20 分左右，贵州大龙经济开发区境内发生一起建筑起重机械事故，造成 3 人死亡，1 人受伤，直接经济损失 350 余万元。

2014 年 7 月 31 日贵州大龙经济开发区 2013 年公共租赁住房第二标段（B 地块）项目技术负责人发现塔式起重机械垂直度超出允许范围，将情况向项目负责人作了反映，11 时左右修理结束。项目负责人又安排作业人员对塔吊进行维修校正，下午 15 时许，1 人负责技术指挥，1 人负责操作，2 人负责协助对塔式起重机械进行拆卸，18 时 20 分左右，作业人员在拆卸第 5 节标准节时，由于操作不当，爬升套架固定在标准节上的销轴未固定就开始卸掉液压顶升装置，导致爬升套架以上部分骤然下坠，砸在标准节上，塔机吊臂拉杆受到吊臂冲击，拉板断裂，臂端触地，塔机重心偏移，第一、二道附着装置被拉裂，塔机倾覆倒地，造成正在塔机上的 1 名作业人员坠落当场死亡，1 人受伤的较大塔式起重机械事故。

2. 事故原因

（1）直接原因

未按《建筑起重机械备案登记办法》（建质〔2008〕76 号）办理备案和使用登记，塔式起重机械操作人员安全意识淡薄，无证上岗；拆卸前未按《建筑起重机械安全监督管理规定》（建设部令 166 号）编制拆卸等方案报经监理单位审核；擅自违规拆卸是本次事故发生的直接原因。

（2）间接原因

1）企业安全主体责任不落实。总包单位于 2013 年 9 月中标后，将工程包给个人（不具备任何资质），此人又将工程包给不具备建筑资质的个人，再次将工程分包给各个班组。实行层层分包。企业这种行为既不符合《中华人民共和国建筑法》的相关规定，同时也违反了《建筑工程施工合同》第 24 款之规定给事故发生创造了条件。

2）工程项目部机构不健全，人员配备不到位。总包单位投标时，用的项目经理资质、技术负责人、安全员均以身体不适为由向公司辞职没有到项目部上班。之后，项目负责人又重新聘请了项目经理、技术负责人、安全员。原项目经理至 2014 年 4 月辞职后，项目经理一直空缺。

3）工程承包负责人为了节约成本，2013 年 7 月项目负责人以 20 万元的价格购得两台二手塔式起重机械用于贵州大龙经济开发区 2013 年公共租赁住房第二标段（B 地块）工程，2013 年 8 月 1 日具备资质的安拆公司承担该塔式起重机设备安装、拆卸业务。安装好后项目负责人将塔式起重机械的操作、维修承包给个人（无塔式起重机械安装、拆卸相关资质），承包负责人的这一行为，给事故发生埋下了重大安全隐患。

4）监理单位在监理过程中未认真履行职责，未能及时有效制止违章作业行为，加大了事故发生的可能性。

5）经济开发区规划建设局。既是该项目的业主（甲方）又是监管单位。未认真履行职责，对辖区内的建设工程安全监督管理不力，"打非治违"不到位，在日常监管中对施工单位使用未经备案登记的塔式起重机械未及时有效的加以制止。

综上所述：企业安全主体责任不落实，对工程实行层层分包，使用未经备案登记的塔式起重机械；聘用不具备塔式起重机械安装、维修、拆卸相关资质的人员对塔式起重机械进行违规操作、拆卸是本次事故发生的直接原因；相关单位和部门监管不力是导致本次事故发生的间接原因。

3. 事故处理

（1）依法追究无资质的作业人员、项目负责人、项目经理刑事责任。

（2）给予经济开发区管委会规划建设局法规与安全监督股股长、经济开发区管委会规划建设局副局长、经济开发区管委会规划建设局党组书记和局长、经济开发区党工委委员、管委会副主任政纪处理。

（3）对相关人员和单位的处理建议

建议由市安监局对总包单位法人兼总经理实施罚款。建议由市住建局对项目技术负责人做出处理，结果报市安委办。建议由市住建局对监理总监做出处理，结果报市安委办。建议由市住建局对现场监理做出处理，结果报市安委办。

（4）建议由市安监局对总包单位实施罚款。建议由市住建局对监理单位做出处理，结果报市安委办。建议责成经济开发区管委会对区规划建设局进行问责处理。建议经济开发区管委会向市人民政府做出深刻的书面检查。

2.1.9　案例九　甘肃省甘州区"7·2"施工升降机坠落事故（2015）

1. 事故简介

2015 年 7 月 2 日 11 时 15 分许，甘州区滨河新区肃南裕苑住宅小区 34 号商住楼建筑工地，发生一起施工升降机右侧轿厢坠落事故，造成 3 名作业人员死亡。

事故发生经过。2015 年 7 月 2 日 7 点 30 分，该施工升降机安装承包负责人带领 1 名作业人员来到甘州区滨河新区肃南裕苑住宅小区 34 号楼施工现场，安装承包负责人给总包单位施工员打电话请求派 1 名工人协助施工升降机接高作业，总包单位施工员电话请示总包单位该项目劳务经理同意后，指派普工协助进行 34 号商住楼工地施工升降机标准节接高作业。10 时 30 分，塔吊司机将 30、31、32 标准节吊起，安装承包负责人、作业人员、普工负责安放到第 29 节标准节顶部，在未对第 29 节标准节和第 30 节标准节进行有效连接固定的情况下，3 人又乘坐该施工升降机下到地面进行第 33～39 节共 7 节标准节的组装工作，组装后将这 7 节标准节从塔吊吊钩连接，之后安装承包负责人、作业人员、普工 3 人乘坐施工升降机操作员操作的轿厢上升进行接高安装，当轿厢上升至第 12 层时，施工升降机操作员转换轿厢升降操作手柄后交由安装承包负责人负责操作，并从 12 层通道进入楼层。约 11 时左右，塔吊司机将组装好的 7 节标准节吊至半空等待安装指令，轿厢顶部的操作人员安装承包负责人操纵手柄，启动施工升降机右侧轿厢继续上升，当轿厢运行到第 30 节标准节（高 45m）处，安装承包负责人和 2 名安装人员作业人员、普工随 30、31、32 标准节一起侧翻坠落至地面。

2. 事故原因

（1）直接原因

1）经现场技术勘验，事发当日，安装承包负责人、作业人员、普工 3 名操作人员在施工升降机接高作业中，违反操作规程过早拆除高度限位装置，在施工升降机标准节螺栓没有连接固定的情况下，违章操作轿厢升高致使轿厢侧翻坠落，导致事故发生。

2）安装承包负责人、作业人员、普工 3 名操作人员无建筑起重机械安装拆卸工操作资格证，施工升降机操作员无建筑起重机械司机操作资格证。安装承包负责人、作业人员、普工 3 名操作工未经专门的安全作业培训，不熟悉岗位安全操作技能，缺乏基本的安全防范意识，在安装作业中未制定施工升降机专项安装施工方案违规安装施工，导致事故发生。

（2）间接原因

1）总包单位安排无资质、资格的人员实施施工升降机安装及接高作业，安装后未经有资质的检测检验机构全面检测检验合格就投入使用，是导致事故发生的主要原因。

2）总包单位在项目施工过程中，安全教育培训制度、安全生产操作规程、特种作业人员持证上岗、起重机械登记备案、隐患排查和专项安全检查、安全隐患排查台账等制度不健全不落实，安全生产主体责任及隐患排查整治落实不到位。违规将施工升降机安装及接高作业口头承包给不具备安全资质资格条件的作业人员施工安装；在具体施工升降机接高作业中，以包代管，没有制定施工升降机安装拆卸专项方案，任由安装人员违章作业。日常安全培训教育不落实，三级安全教育培训深度不够、流于形式，作业人员未掌握本岗位的安全操作技能，是导致事故发生的主要原因。

3）该项目经理、专职安全员、机械管理员，对安全生产责任制度、安全生产隐患排查制度和操作规程落实不到位，未及时制止和纠正违章指挥、冒险作业和违反操作规程的行为；对施工升降机等特种设备安装拆卸施工方案把关审查不严，没有严格按照行业规定要求施工作业，在安装施工中没有指定专人进行现场监督指导作业；"三级"安全培训教育流于形式，作业人员未掌握本岗位的安全操作技能，特种作业人员未持证上岗，起重机械设备管理责任不落实，是导致事故发生的主要原因。

4）项目劳务分包单位安全管理制度不健全，安全主体责任不落实，超越资质范围承揽脚手架搭设业务，没有配备专职安全生产管理人员，项目负责人、项目劳务经理、总包单位施工员对无特种设备操作资格证的施工升降机接高作业人员违章作业未制止，任由安装人员冒险作业。安全培训教育不落实，从业人员不掌握本岗位安全操作技能，安全生产意识淡薄，是导致事故发生的重要原因。

5）监理单位监理责任落实不到位，项目总监理工程师、现场监理员，对安装承包负责人等人的无资质安装作业，无专项施工方案作业行为，把关不严、制止不力，对施工单位拒不整改的事故隐患未能及时向建设单位和建设主管部门书面报告，是导致事故发生的重要原因。

6）建设单位在例行每周质量安全检查活动中，对存在的安全隐患排查不全面不彻底，对施工、监理单位落实安全生产措施监督不到位，对施工现场存在安全生产问题督促整改不力，是导致事故发生的原因之一。

7）监管单位：区建设局及其建筑管理站，在工程施工安全监管过程中，对该项目施工安全生产情况履行了监管职责，认真检查后，对存在的安全事故隐患，于2015年6月16日向该项目建设、监理、施工总承包单位下发了《建设工程质量安全停工通知书》，但对事故隐患督促整改不够，对事故的发生负有一定的监管责任。

3. 事故处理

（1）对事故有关责任人员的处理建议

安装承包单位总经理对其处上一年年收入 40%，即 69923.10 元罚款，报省住房和城乡建设厅暂停个人建筑施工企业主要负责人安全生产考核合格证书（A 证）执业资格 6 个月。安装承包单位副经理合计并处 8 万元罚款，报省住房和城乡建设厅不予注册个人机电工程二级建造师执业资格。总包单位项目经理合并共计 6 万元罚款，暂停个人建筑施工企业项目负责人安全生产考核合格证书（B 证）执业资格 6 个月。总包单位专职安全生产管理人员处以 3 万元的罚款，报省住房和城乡建设厅撤销各类建筑施工企业专职安全管理人员安全生产考核合格证书（C 证）执业资格。总包单位机械设备管理人员处以 3 万元的罚款，报省住房和城乡建设厅撤销个人建筑企业机械员职业资格。总包单位项目劳务经理以上合计并处 3 万元罚款。总包单位施工员处以 1 万元的罚款。项目监理总监理工程师处以 9000 元罚款，在全市建设系统予以通报批评，记入个人安全生产不良行为记录一次，公示 12 个月，报省住房和城乡建设厅暂停个人注册监理工程师执业资格 6 个月。项目监理监理员在全市建设系统予以通报批评，报省住房和城乡建设厅撤销个人监理员职业资格。对甘州区建设局副局长以诫勉谈话，对甘州区建管站站长给予行政警告处分，并将处理结果报市政府、市安委会、市纪委监察局备案。

（2）对相关责任单位的处理建议

总包单位报省住房和城乡建设厅暂扣其企业安全生产许可证 60 日，并在全市建设系统予以通报批评，记入企业安全生产不良行为记录一次，公示 12 个月。监理单位处以 10 万元罚款，在全市建设系统予以通报批评，记入企业安全生产不良行为记录一次，公示 12 个月。工程劳务分包单位处以 7 万元罚款，在全市建设系统予以通报批评，责令改正，记入企业安全生产不良行为记录一次，公示 12 个月。建设单位在全市范围领域通报批评，记入企业安全生产不良行为记录一次，公示 12 个月，向县人民政府作出书面检查，建议县政府对其相关责任人员做出处理，报市政府办公室、市安委会办公室和市房管局备案。区建设局及其下属建筑管理站向区政府作出书面检查。

2.1.10　案例十　广东省广州市"7·19"塔机倒塌事故（2015）

1. 事故简介

2015 年 7 月 19 日 12 时 20 分，位于广州市增城区永宁街郭村的索菲亚家居股份有限公司所属"索菲亚定制家具项目"建筑工地，发生一起塔式起重机在实施标准节顶升作业时坍塌、造成 4 人死亡的较大事故，直接经济损失约 582 万元。

2015年7月19日上午10时许，在没有与工地的施工员、监理员接上头的情况下，施工作业队长带领3名施工人员（都为老乡关系，全体共4人）进入发生事故的塔式起重机顶升作业现场，随即开始了附墙作业及前期准备工作。11时30分，事故塔式起重机司机下班，从驾驶室下到地面，他不负责本次顶升作业。当时，塔式起重机司机发现有3名施工人员在事故塔式起重机平台上，正在将用于固定标准节的螺丝上的螺帽拧下来，准备开始顶升作业。随后，塔式起重机司机去了饭堂吃饭，现场只剩下施工作业队长带领3名施工人员继续进行顶升作业，包括进入驾驶室驾驶，其中3人在平台上，1人在地面。

至事故发生前，施工作业队已完成两节标准节顶升，此时地下室以上塔身节总高度50.4m，还剩余两节标准节需要顶升。12时20分，施工作业队长在进行第三节标准节顶升作业时，塔式起重机回转上部部件整体坍塌坠落，造成施工作业队长和3名施工人员4人死亡。从施工作业队长施工队进场至事发时，施工单位的施工员、安全员，监理单位的监理员等都没有在场。

2. 事故原因

（1）直接原因

施工作业队违规操作，冒险作业。在塔式起重机标准节顶升过程中，没有按照专项施工方案及安全操作规程组织作业，现场作业人员不足（只有4人，比既定方案少3人），且没有安排人员在驾驶室操作，当不明原因使塔身上部产生回转后，不能在回转初期采取紧急处理措施，加上顶升横梁防脱插销未插入踏步的防脱销孔内，造成塔身上部失稳倾覆，现场作业的施工作业队长和3名施工员随倾覆坠落地面或被物件砸中导致死亡。

（2）间接原因

1）总包单位没有认真履行安全生产主体责任。应当对施工现场安全生产负总责，没有就事故塔式起重机的安装、顶升业务直接与具备相应资质的单位联系、沟通，而是允许个人一手操办，造成实际上是将该业务委托给了不具备相应资质的单位和个人，导致顶升作业现场安全管理混乱，存在违规作业问题；作为事故塔式起重机的使用单位，明知施工作业队于事故当天上午进场进行顶升作业，但没有安排施工员、安全员到场监督，也没有通知监理单位派人旁站监督。

2）设备租赁单位对挂靠的事故塔式起重机管理不到位。该公司放任个人代表该公司与总包单位签订事故塔式起重机租赁合同，放任个人以设备租赁单位名义承揽事故塔式起重机安装、顶升业务。

3）施工作业队等人非法承揽事故塔式起重机安装、顶升业务。施工作业队等人在不具备相应资质的情况下，非法承包（转包）事故塔式起重机安装、顶升业务。

4）设备安拆单位对事故塔式起重机安装、顶升业务的安全管理不到位。该公司安全生产意识不强，在与总包单位签订《塔式起重机安装、顶升合同》时，没有与总包单位的代表见面，也没有及时进行必要的安全生产协调和业务对接，放任个人一手经办签约手续，给施工作业队蒙骗政府监管部门、施工单位和监理单位创造了条件。

5）监理单位履行监理责任不够严格。现场监理员履职不到位，在没有接到施工单位顶升作业通知的情况下，没有主动对事故塔式起重机进行巡视，造成施工队进场长时间违规进行顶升作业。

3. 事故处理

（1）建议追究刑事责任的人员

总包单位驻项目的项目经理，项目安全生产第一责任人，对事故的发生负有直接责任。其行为涉嫌构成犯罪，建议由广州市公安机关依法追究其刑事责任。总包单位项目施工主管，承担岗位安全监管责任，对事故的发生负有直接责任。其行为涉嫌构成犯罪，建议由广州市公安机关依法追究其刑事责任。事故塔式起重机租赁、安装事宜的中间联系人，安装、顶升工程的承包人（一手承包人）、转包人其行为涉嫌构成犯罪，建议由广州市公安机关依法追究其刑事责任。

（2）建议给予行政处罚的单位和人员

总包单位建议由市安全生产监督管理局依法对该公司进行行政处罚，由市住房和城乡建设委员会依法依规对该公司的资质、信誉及在本地区的招投标等进行相应处理。总包单位法定代表人，安全生产第一责任人，建议由广州市安全生产监督管理局依法对其进行行政处罚。事故塔式起重机的挂靠单位，建议由市住房和城乡建设委员会依法依规对该公司进行行政处罚，并对该公司的资质、信誉及在本地区的招投标等进行相应处理。名义上的事故塔式起重机的安装、顶升单位建议由市住房和城乡建设委员会依法依规对该公司进行行政处罚，并对该公司的资质、信誉及在本地区的招投标等进行相应处理。监理单位建议由市住房和城乡建设委员会依法依规对该公司及项目负责人进行行政处罚，并对该公司的资质、信誉及在本地区的招投标等进行相应处理。

（3）建议由单位内部处理的人员

总包单位分公司的负责人，分公司安全生产第一责任人。建议由总包单位给予其降职处分，并按照公司内部奖惩制度进行处理。总包单位派驻项目的项目经理助理，项目现场负责人。建议由总包单位给予其撤职处分，并按照公司内部奖惩制度进行处理。总包单位派驻项目施工员，承担岗位安全管理责任。建议由总包单位依法解除与其的劳动关系，并按照公司内部奖惩制度进行处理。派驻项目的安全员，负责工地施工安全，项目安全生产直接责任人。建议由总包单位依法解除与其的劳动关系，并按照公司内部奖惩制度进行处理。建设单位法定代表人，安全生产第一责任人，建议按照公司内部奖惩制度进行处理。事故塔式起重机的实际出资人之一、出租业务经办人，建议按照公司内部奖惩制度进行处理。拆装单位法定代表人，安全生产第一责任人，建议按照公司内部奖惩制度进行处理。安拆单位分公司的负责人，分公司安全生产第一责任人，建议给予其撤职处分，并按照公司内部奖惩制度进行处理。安拆单位派驻项目塔式起重机安装、顶升工程项目经理，项目安全生产第一责任人，建议依法解除与其的劳动关系，并按照公司内部奖惩制度进行处理。监理单位派驻项目总监理工程师，建议给予其撤职处分，并按照公司内部奖惩制度进行处理。监理单位派驻项目的监理员，建议依法解除与其的劳动关系，并按照公司内部奖惩制度进行处理。为深刻吸取事故教训，市公安局、市住建委、市安全监管局、增城区人民政府等单位要对事故相关责任单位和人员进行严肃处理，依法追究相应责任。市安全生产委员会办公室要及时将事故调查结果向社会公布。

2.1.11 案例十一 江苏省南京市"8·17"吊篮高坠事故（2015）

1. 事故简介

2015 年 8 月 17 日 13 时 30 分左右，在南京市溧水区城南新区幸庄路以南、珍珠南路以西，幸福佳苑小区安置房建设项目二标段房屋外墙真石漆、涂料等工程项目 6 号楼工地发生一起高处坠落事故。事故造成 3 人死亡，直接经济损失 345 万元。

2015 年 8 月 17 日 13 时 30 分左右上班后，油漆操作工 3 人，按照工作进度到 6 号楼（楼高 18 层，每层 2.9m）西单元楼顶刷电梯房女儿墙，他们图省事，没有从楼梯步行到楼顶，而是搭乘吊篮。当吊篮运行至 14 层（距地面高度：40.6m）左右时，悬挂吊篮一端的工作钢丝绳突然断裂，吊篮倾翻导致在吊篮内没有佩戴安全带的 3 人坠落至一楼地面。在该楼西侧地面附近准备上楼施工的油漆工工友见此情况后，立即奔跑过去对 3 人实施抢救，并拨打"120"救援电话。3 人被"120"救护车送往区人民医院抢救无效于当日死亡。

2. 事故原因

（1）直接原因

吊篮在提升过程中，工作钢丝绳被滞留在提升机等部位的真石漆污迹、杂物挤出传动盘绳槽，在提升机动力作用下造成工作钢丝绳断裂；工作钢丝绳断裂时，因污物摆臂回位受阻，安全锁未能锁住安全钢丝绳，致吊篮平台快速倾翻。

（2）间接原因

1）吊篮防护污染措施不落实，真石漆污物导致钢丝绳断裂、安全锁失效是造成事故发生的主要原因。

2）作业人员违反"不得将吊篮作为垂直运输设备和吊篮内作业人员不应该超过 2 人"的规定，违规使用吊篮，且未佩戴安全带，是造成事故发生的重要原因之一。

3）项目承包单位出借资质，未组建项目经理部实施现场管理，是造成事故发生的重要原因之一。

4）非法分包、以包代管，吊篮使用前安全交底不清、检测和验收管理缺失，是造成事故发生的重要原因之一。

5）各有关单位和相关责任人安全管理责任不落实，施工现场安全管理不认真，违章操作未及时发现，违规行为未及时制止，是造成事故发生的重要原因之一。

6）行业主管部门对有关单位和相关人员的建筑市场违法行为监管不到位，是造成事故发生的重要原因之一。

3. 事故处理

（1）给予追究刑事责任的人员：

租赁公司法定代表人，对该起事故发生负有重要管理责任，建议移送司法机关追究刑事责任。二标段房屋外墙真石漆、涂料等项目工程个体承包人，对该起事故发生负有重要管理责任，建议移送司法机关追究刑事责任。区住建局建筑安装管理站工作人员（事业编制），负责幸福佳苑小区安置房建设建筑市场监督检查管理工作。建议移送司法机关追究刑事责任。待司法机关处理后，按照干部管理权限给予其党纪政纪处分。

（2）给予行政处罚的人员：

工程项目个体承包人，建议由安全生产监管部门给予罚款 9000 元的行政处罚。监理项目部总监，建议由安全生产监管部门给予罚款 9000 元的行政处罚，由南京工大监理公司按照公司相关规定给予撤销项目总监职务。建设项目管理部负责人，建议由安全生产监管部门给予罚款 9000 元的行政处罚。保障房公司法定代表人、董事长，建议由安全生产监管部门给予罚款 9900 元的行政处罚，按照干部管理权限给予其党内严重警告处分。

（3）给予党纪、政纪处分的人员：

保障房公司总经理建议按照干部管理权限给予其党内严重警告处分，并由保障房公司依程序予以解聘。总包单位总经理，建议按照干部管理权限给予其党内警告处分。区住建局建筑安装管理站站长，建议按照干部管理权限给予其行政记过处分。区住建局副局长，建议给予其诫勉谈话或党纪政纪处分。区住建局局长，市人大代表、区党代表、中共党员，建议给予其诫勉谈话或党纪政纪处分。

（4）给予行政处罚的单位：

对于总包单位，建议住建部门责令该企业停业整顿，暂扣安全生产许可证 3 个月，并限制其在本区域建筑市场停止招投标活动 6 个月。保障房公司建议由安全生产监管部门给予罚款 55 万元的行政处罚。

（5）责成区住建局就此次事故向区人民政府作出书面检查。

2.1.12 案例十二 湖北省武汉市"8·21"汽车起重机伤害事故（2015）

1. 事故简介

2015 年 8 月 21 日 15 时 10 分左右，位于古田路 57 号的美好公馆施工工地在安装塔吊时发生一起起重伤害事故，造成 4 人死亡，2 人受伤。事故直接经济损失 396.3 万元。

2. 事故原因

（1）直接原因

1）汽车吊臂尖滑轮破损、防脱槽装置失效：在主钩协助副钩起吊平衡臂上扬过程中，副钩起升钢丝绳逐渐松弛，且悬挂点产生偏移，与臂尖滑轮形成一定角度。当副钩再次起升时，起升钢丝绳从臂尖滑轮破损处偏出，因防跳槽装置失效未有效阻挡，致使起升钢丝绳在滑轮与挡板间挤压磨损，挡板撇弯，起升钢丝绳沿挡板翼缘摩擦切割，导致起升钢丝绳部分钢丝股依次断裂，逐渐失去承载力，最终发生断裂。

2）汽车吊超载起吊：汽车吊司机在被告知塔机平衡臂重量超出汽车吊臂尖滑轮的额定起重量的情况下，依然用副钩起吊塔机平衡臂，以致发生副钩在塔机平衡臂上扬过程中无法继续起升，改由主钩协助，导致副钩起升钢丝绳脱槽断裂。

（2）间接原因

1）设备租赁单位：一是作业前，未对汽车吊安全使用状况进行查验，未及时发现汽车吊存在起重臂臂尖滑轮破损、防脱槽装置失效等缺陷；二是现场安全管理不到位，现场管理人员未指导督促作业人员按规范要求正确佩戴安全带；三是现场负责人在未核实汽车吊实际荷载的情况下指挥起吊，盲目进行作业。

2）设备使用单位：相关施工手续不完备，未及时落实相关部门下达的整改要求。

3. 事故处理

（1）建议追究刑事责任人员

汽车吊出租单位作业司机、汽车吊车主对事故发生负有直接责任，建议移送司法机关追究刑事责任。塔吊安装单位现场负责人在事故中死亡，免于责任追究。

（2）建议给予政纪处分和行政处罚

公司实际负责人给予行政撤职处分并处上一年年收入 40％的罚款。工程部经理、生产经理给予行政撤职处分。塔吊安装单位现场安全员给予开除处分。建设单位项目负责人，建议按建设单位内部管理规定进行处理。

（3）对相关责任单位的处理建议

塔吊安装单位，建议处以罚款 65 万元。

2.1.13　案例十三　四川省成都市"10·5"施工升降机高坠事故（2015）

1. 事故简介

2015 年 10 月 5 日 10 时左右，成都高新区天府一街"世龙广场"项目 2 号楼 SC200/200 型施工升降机（以下简称"事故升降机"）在运行过程中发生坠落，造成事故升降机吊笼内 4 名作业人员当场死亡，直接经济损失 570 余万元。

2015 年国庆节期间"世龙广场"项目正常施工作业。10 月 4 日，项目部安排架工班拆除 2 号楼 1～39 层采光井防护管架，并堆放在相应楼层。10 月 5 日 8 时 30 分左右，架工班长率架工乘坐司机操作的施工升降机到达项目 2 号楼 15 层，对钢管转运工作作出安排后，沿楼梯梯步下楼离开。事发当日，"世龙广场"项目经理轮休，项目副经理值班。

根据调查，事故发生前 2 名架工将楼层内长短不一的钢管、扣件、木模板装入事故升降机吊笼内，部分超长钢管穿过轿厢天窗倾斜放置在吊笼内。装载完 15～27 楼的钢管后，司机操作事故升降机上行至 39 楼，接上等待下楼的抹灰工，随即开始下行。当事故升降机下行至 34 层附近时，吊笼失去控制，并沿导轨坠落至地面。坠落冲击力造成事故升降机吊笼严重变形，4 名工人被挤压在吊笼内致死。

2. 事故原因

（1）直接原因

事故升降机齿条与传动及防坠装置齿轮脱离啮合，导致吊笼在重力作用下沿轨道坠落地面。

（2）间接原因

1）名义租赁单位安全生产主体责任不落实。一是安全管理不到位，起重设备安装、日常维护保养和隐患排查整治等安全管理制度不落实，致使事故升降机带"病"运行；二是出租出借公司资质，允许他人以本企业名义承揽工程。

2）实际设备租赁单位伪造、篡改特种设备证明文件及设备铭牌，出租档案资料造假的建筑起重设备；事实承揽应由名义租赁单位承担的事故升降机安装业务。

3）总包单位股份公司安全生产主体责任落实不到位。一是对起重设备租赁审查把关不严，未发现租赁单位伪造事故升降机相关资料的问题；二是起重设备安全管理制度落实不到位，以包代管，未组织对安装高度超过100m的施工升降机安装方案进行专项论证，未对施工升降机维护保养情况进行有效监督管理；三是施工现场安全管理不力，未发现并制止作业人员违规使用事故升降机装载超长钢管的行为。

4）监理单位责任落实不到位。一是对进场建筑起重设备审查把关不严，未及时发现事故升降机报备材料与铭牌不符的问题；二是未督促施工总包单位对安装高度超过100m的施工升降机安装方案进行专项论证。

5）检测公司特种设备检测检验工作流于形式，在对事故升降机进行封顶检验时，未按要求对应检项目进行逐项检测检验。

6）区规划建设局安全监管责任落实不到位，对事故升降机档案资料审查把关不严。

3.事故处理

（1）建议追究刑事责任人员：

实际租赁单位经理建议司法机关对其涉嫌违法犯罪的行为依法追究其刑事责任。名义建机租赁公司经理建议司法机关对其涉嫌违法犯罪的行为依法追究其刑事责任。

上述责任人员自刑罚执行完毕之日起，五年之内不得担任任何生产经营单位的主要负责人。

（2）建议给予政纪处分和行政处罚：

总包单位机电工长按照内部管理的相关规定对其进行经济处罚并给予撤职处分，处分结果报市安监局备案。项目副经理给予行政记大过处分，处分结果报市安监局备案。项目经理建议对其处以罚款6万元；责成总包单位对其给予留用察看一年处分，处分结果报安监局备案。总包单位总经理责成对其给予警告处分，处分结果报市安监局备案。项目总监建议对其处以罚款4.5万元。监理单位总经理建议对其处以罚款4万元。区规划建设局工作人员，建议给予其党内警告处分。区规划建设局工作人员，建议根据区聘用人员管理办法的相关规定作出相应处理。

（3）对相关责任单位的处理建议：

名义租赁单位，建议处以罚款65万元。实际租赁单位，建议工商、质监等相关行政主管部门依据有关法律法规进行查处，处理结果报成都市安监局备案。总包单位，建议处以罚款65万元。监理单位，建议处以罚款55万元。检测公司，建议建设行政主管部门依据有关法律法规进行查处，处理结果报成都市安监局备案。区规划建设局，责成向成都高新区党工委、管委会作出深刻书面检查。

对上述责任单位及其相关责任人员除罚款以外的其他行政处罚，由市建委、市工商局和市质监局依法处理；对属中共党员或行政监察对象的受处理人员，由负有管辖权的单位及时给予相应的党纪、政纪处分，处理结果报成都市安监局备案。

2.1.14　案例十四　河南省伊川县"3·1"物料提升机伤害事故（2016）

1. 事故简介

2016 年 3 月 1 日 18 时左右，位于伊川县城区新鹏路"御明苑"小区内在建的"圆方幼儿园"建筑工地发生一起自升式门架升降机吊笼坠落事故。该起事故共造成 3 人死亡，1 人重伤，直接经济损失约 200 万元人民币。

该事故工地春节放假至今尚未开工。3 月 1 日，项目施工队负责人临时雇用 3 人到工地，任务是清理施工现场、检修升降机龙门架，为 3 月 15 日开工做准备。临时工又叫 1 人一并到工地干活。当日 18 时左右，检修人员全部站在吊笼上操作吊笼上行进行检修作业时，提升机操控失灵，吊笼继续上行并冲顶，吊笼上部联动滑轮上的钢丝绳托槽别弯滑轮固定夹板，滑轮销挣脱夹板销孔，使钢丝绳及滑轮脱离固定夹板，吊笼失去提升力，从约 10m 的高空呈自由落体坠落地面，导致当时站在吊笼上的检修人员等人随之摔至地面。

2. 事故原因

（1）直接原因

1）检修人员违章操作。一是均无升降机操作和检修资格；二是违规将操控箱移至吊笼；三是违规站在吊笼上操作升降机上行；四是作业时地面无人监护。

2）涉事升降机本身存在缺陷：断绳安全保护装置和上限位器均不起作用；无层间停靠装置；连动滑轮沟槽严重磨偏，滑轮磨偏一侧翼板缺损严重；夹板销没有采取有效防脱措施；涉事升降机操控突然失灵，安全保护装置未起作用，造成吊笼坠落导致事故。

（2）间接原因

1）建设单位和施工方未严格履行有效相关施工管理手续，在与原监理单位终止监理合同后未重新委托监理公司对项目实施监理，对施工现场安全管理工作存在漏洞，没有对施工方的违法违规施工行为采取有效管理措施。

2）施工方施工前组织管理混乱，未建立相关的管理机构，制定相应的安全管理制度，对相关人员的安全教育培训不到位。施工方所使用的升降机未履行安装告知、检测、备案等有关手续。

3）县住建部门在中标通知书备案和核发施工许可证时审查把关不严，致使不具备独立法人资格的公司取得了中标通知书和施工许可证。且在工程施工过程中监督管理不到位，日常检查不深入、不细致、不及时，未及时发现施工中该事故升降机不符合要求，监管存在漏洞。

3. 事故处理

（1）建议追究刑事责任人员：

项目施工队负责人，建议司法机关依法追究其刑事责任。

（2）建议给予其他处理的相关单位及人员：

县住房和城乡建设局安全监督管理办公室副主任，给予其行政记大过处分。县住房和城乡建设局安全监督管理办公室主任，给予其行政记过处分。县住房和城乡建设局副局长，分管安全监督管理办公室，给予其行政警告处分。住房和城乡建设局局长，给予其行政警告处分。

县人民政府副县长，负责城乡建设等工作，分管伊川县住房和城乡建设局，对其进行诫勉谈话。责成县政府向市政府作出深刻检查，认真吸取事故教训，进一步加强和改进安全生产工作。建设施工总负责人，由市安全生产监督管理部门依法给予其行政处罚。施工单位分公司由市安全生产监督管理部门依法给予行政处罚。施工单位，建议由市住建委会同市工商部门依据法律法规作出相应责任追究。该起事故其他相关责任单位及责任人的追究，由县人民政府责成相关部门按有关规定给予处理，并将处理结果报市住建委。

2.1.15 案例十五 山东省威海市"3·21"塔机倾覆事故（2016）

1. 事故简介

2016 年 5 月 21 日 14 时左右，威海临港区金开利大厦工地发生一起较大起重伤害事故，造成 3 人死亡 2 人受伤，直接经济损失 385.95 万元。

2. 事故原因

（1）直接原因

直接原因：塔机预埋地脚螺栓规格为 M39、螺栓螺距 4mm；实际安装螺母规格为 M42、螺母螺距 4.5mm，两者直径、螺距均不匹配，组合承载力严重不足。塔机安装中，随着荷载加大，预埋螺栓滑丝、M42 型螺母全部脱落，直接造成了此次塔机倾倒事故。

（2）间接原因

相关责任单位安全管理不到位。安装单位编制的《建筑起重机械安装拆卸专项施工方案》可操作性差，达不到指导安装的要求；没有对原有塔机基座和预埋螺栓进行检查复核，没有进行技术论证，盲目为原预埋螺栓配置螺母；没有安排专业技术人员到场监督；指派未取得塔机安装作业证书的人员安装作业。施工单位安全生产主体责任落实不到位，没有审查荣建装潢公司编制的《建筑起重机械安装拆卸专项施工方案》，安全生产检查、事故隐患排除不到位。建设单位，在未办理施工许可手续的情况下通知施工单位进场，未制定保证安全施工的措施，安全施工监管缺失。区建设局未及时发现和制止企业违规安装塔机行为，履行建设工程安全生产监督管理职责不到位。

　　3. 事故处理

　　(1) 司法机关已采取措施人员:

　　塔机安装负责人，明知螺栓螺母不匹配，原塔机基座多年未使用的情况下违章指挥作业，对事故发生负主要责任。因涉嫌重大责任事故罪，临港区公安分局已将其刑事拘留。

　　(2) 相关行政处罚及问责建议:

　　总承单位，建议市安监局对其处以 70 万元罚款，省住建厅已暂扣其安全生产许可证 1 个月。建设单位，建议市安监局对其处以 50 万元罚款。安拆单位，建议市住建局吊销其起重设备安装专业承包三级资质证书。总包单位法定代表人，建议市安监局对其处以上一年年收入百分之百的罚款 24 万元，建议给予其党内警告处分。安拆单位法定代表人，建议市住建局对其处以 15 万元罚款，建议给予其留党察看一年处分。施工现场负责人，建议市住建局报省住建厅吊销其二级建造师执业资格证书，建议住建局对其处以 10 万元罚款，建议给予其留党察看两年处分。现场安全员，建议市住建局报省住建厅吊销其安全生产考核合格证书，建议市住建局对其处以 5000 元罚款。总包单位分管安全副总经理，建议市住建局对其处以 7 万元罚款，建议给予其党内严重警告处分。

　　(3) 建议给予政纪处分人员:

　　区建设局建筑工程管理处工作人员，建议临港区管委与其解除聘用合同。区建设局建筑工程管理处处长，建议给予其记大过处分。区建设局副局长，建议给予其记大过处分。区建设局局长，建议给予其记过处分。区管委副主任，建议给予其警告处分。

　　(4) 对有关单位、人员问责建议:

　　市建筑工程管理处处长，对事故发生负行业监管领导责任，建议对其进行诫勉谈话。区建设局向区党工委、管委作出书面检查。建议责成区党工委、管委向市委、市政府作出书面检查。建议责成市住房和城乡建设局向市委、市政府作出书面检查。

2.1.16 案例十六 山东省龙口市"7·15"施工升降机坠落事故（2016）

1. 事故简介

2016 年 7 月 15 日 17 时 35 分左右，龙口市东海园区金域蓝湾 B 区三期工程（以下简称"事故工程"）29 号楼施工现场发生施工升降机坠落事故，升降机自 18 层楼处坠落，机内共有 8 人，坠落发生后被立即送往医院，经全力抢救无效死亡。

2016 年 7 月 14 日，根据事故工程 29 号楼项目经理和工地管理员的多次电话要求，机械设备租赁有限公司经理安排安装班长、安装人员到金域蓝湾 B 区三期工程 29 号楼，进行施工升降机加节作业。13 时 30 分左右，安装 2 人到达建筑工地，联系了塔吊操作人员协助进行施工升降机加节作业。两人首先拆除了施工升降机限位器，又拆除了封头，借用工地钢筋工的对讲机与塔吊操作人员协调，吊装已连接在一起的标准节（6 个标准节连接在一起），先后共吊装两次，一共安装了 12 节标准节，高度达到 23 层楼高，在第 18 层顶端水平梁上架设了第 6 道附墙架。约 18 点 30 分，安装 2 人在加装的标准节大部分仅安装了对角的 2 个螺栓、约 21 层楼高位置未架设附墙架的情况下，拉下施工升降机电闸后，下班离开工地。

7 月 15 日，因其他小区建筑工地急需对塔吊进行顶升作业，安拆人员去了另外工地进行塔吊顶升作业，未继续完成事故工程 29 号楼施工升降机的加节作业。15 日，龙口市有降雨，直到 14 时左右，雨停。14 时左右，安拆人员来到事故工地，乘事故施工升降机至 17 楼，并爬到 24 层预埋塔吊附着套管，为一座在用塔吊顶升做准备，没有继续对施工升降机进行加节作业。约 17 时 35 分，7 名木工拟到 24 层进行模板支护作业，连同瓦工（工地指定施工升降机操作人员，无升降机操作资格证书）一起乘施工升降机西侧吊笼上行至约 19 层楼时，施工升降机导轨架上端发生倾覆，第 36 节标准节的中框架上所连接的第 6 道附墙架的小连接杆耳板断裂、大连接杆后端水平横杆撕裂，导轨架自第 34 节和第 35 节连接处断开，施工升降机西侧吊笼及与之相连的第 35 至 45 节标准节坠落地面，8 名乘坐施工升降机的人员随之一同坠落地面。

2. 事故原因

（1）直接原因

1）在施工升降机本次加节作业尚未完成、未经验收的情况下，使用单位的施工升降机操作者搭载 7 名施工人员上行到第 19 层楼，超过了安全使用高度；

2）在导轨架第 34、35 节标准节连接处只有对角 2 个连接螺栓，达不到安装要求；

3）第 6 道附墙架未安装可调连接杆，大连接杆的后水平横杆拼接补焊，不符合设计要求；

4）使用说明书要求导轨架自由端高度不大于 7.5m，第 6 道附墙架以上导轨架自由端高度达到 14.25m，增加了自由端对导轨架中心产生的倾覆力矩（不平衡弯矩）。

当西侧吊笼上行至第 19 层楼时，吊笼和人员重量及导轨架自由端附加弯矩对导轨架中心产生的倾覆力矩作用在第 6 道附墙架上，超出了附墙架的承载能力，致使附墙架断裂；第 35、36 节标准节连接面产生分离趋势，第 36 节以上的导轨架及吊笼向西倾覆，倾覆力矩瞬间陡然增加，导致第 35 节以上导轨架失稳，第 34 节（东南角）上部和第 35 节（西北角）下部标准节撕裂，第 34 节和第 35 节标准节连同吊笼及上部导轨架倾覆坠落。

（2）间接原因

1）总包单位及项目部管理混乱，安全生产主体责任不落实。

该公司安全生产责任制、安全管理规章制度不健全，未严格落实教育培训制度，未按规定定期组织事故应急演练；施工项目部机构不健全、管理人员不到位，安排不具备项目经理资格的人作为项目负责人履行项目经理职责；在原《施工许可证》已废止、未重新申办《施工许可证》的情况下擅自开工建设；将承包工程全部肢解转包给个人施工；未认真贯彻落实建筑行业"工程质量两年治理行动""安全生产大排查快整治严执法活动"相关要求，公司总部未对金域蓝湾 B区三期工程项目部施工现场管理情况进行过安全检查，未能及时发现并整改事故施工升降机安装、使用过程中存在的违法行为。

该公司项目部形同虚设，未能有效履行项目部管理职责，没有明确安全管理人员，没有建立安全生产规章制度，对各承包人承建的施工现场"以包代管"，安全管理基本失控，未落实现场施工人员教育培训制度，未按规定组织应急演练，没有开展班组安全技术交底，未审核施工升降机安装单位和安装人员资质、专项施工方案；安全检查流于形式，现场临边孔洞防护不到位、水平网搭设不规范，隐患大量存在，对监理单位提报的塔吊、升降机安装单位和人员资质、报检手续不全等问题未采取有效措施予以解决，致使塔吊、升降机等违规投入使用。

项目经理安全意识极其淡薄，未组织进场施工人员安全教育培训，未进行必要的班组技术交底；明知无施工升降机安装资质与安拆单位签订租赁安装协议，由其进行施工升降机安装；在施工升降机未进行自检、专业检验检测和使用、租赁、安装、监理等单位"四方"验收的情况下，违规使用施工升降机，且安排无操作资格人员操作施工升降机；对监理单位提出的监理通知单要求整改事项置之不理，对施工现场安全管理不到位，致使现场存在大量事故隐患。

2）设备租赁有限公司安全生产主体责任严重不落实。

公司内部安全管理不规范。未成立安全管理机构或配备专职安全管理人员，安全生产责任制和安全管理制度不健全，安全培训教育不到位。

严重违反施工升降机安装使用有关规定。无安装资质承揽施工升降机安装业务，违规从事起重机械安装作业；施工升降机安装作业未编制专项施工方案，也未按要求向主管部门进行告知，且安排无施工升降机安拆作业资质的人员参与安装作业。安装完成后，未严格按要求进行自检、专业机构检验检测，也未经过使用单位、租赁单位、安装单位、监理单位四方联合验收，即默认使用单位投入使用。对施工单位安排无操作资格的人员操作施工升降机、未经验收合格的情况下擅自使用施工升降机的行为制止不力。

施工升降机加节作业留存严重事故隐患。加节作业时，违规使用不合格附墙架，施工升降机加节和附着安装不规范，加装的部分标准节只有两个螺栓连接，自由端高度严重超标，未使已安装的部件达到稳定状态并固定牢靠的情况下停止了安装作业，也未采取必要防护措施、没有设置明显的禁止使用警示标志。

3）监理单位职责落实不到位。

对监理的工程项目，未按照规定人数配备监理人员，项目总监基本未参与现场监理活动；施工监理工作统一协调、管理不到位，未督促该项目施工单位落实安全生产责任制度和安全教育培训制度，未督促监理指令和通知的有效落实；未发现施工许可证过期无效，在不具备开工条件的情况下签发开工令，允许项目无证开工建设；未依照《建筑起重机械安全监督管理规定》的有关规定，审核施工升降机特种设备制造许可证、产品合格证、起重机械制造监督检验证书、备案证明等文件；未审核施工升降机安装单位、使用单位的资质证书、安全生产许可证和特种作业人员的特种作业操作资格证书；未审核施工升降机安装、拆卸工程专项施工方案；也未监督安装单位执行施工升降机安装专项施工方案；对发现存在施工升降机未进行检验、验收等问题时，未采取有效措施要求相关单位整改；对安装单位、使用单位拒不整改的情况，也未及时向建设行政主管部门报告。对施工现场安全生产监理流于形式，未发现并纠正临边孔洞无防护、脚手架无水平网等问题。

4）工程合作建设单位职责落实不到位。

在原《施工许可证》已自行废止、施工单位发生变更的情况下，未重新申办《施工许可证》即允许总承包方开工建设，对施工单位协调管理不到位，未发现并制止施工单位转包、违法分包等违法违规行为。

5）建设单位对下级公司安全监督管理不到位。

履行甲方职责工作不力，未能及时发现建设主体的工程《施工许可证》过期废止的问题；确定的合作开发管理模式有问题，对合作开发项目以合作代管理，规定不把合作开发项目纳入集团安全管理范畴，对合作开发建设项目安全监督指导缺失。

6）市住建局及其下属建筑业管理处、建设工程招投标管理办公室履行建筑行业安全生产监督管理职责不到位。

没有发现工程施工许可证过期作废的问题，且对已废止的施工许可证变更了设计单位和监理单位、出具了《施工许可证》合同竣工日期延期的证明。未对工程市场行为进行监督检查，没有发现施工单位转包、非法分包等违法违规行为。对施工现场安全生产监管不到位，对工程现场安全检查不细致、对发现的问题和隐患督促整改不力，尤其是对塔吊、升降机未经检验合格即投入使用的问题，仅下达整改通知书，没有提出明确整改意见，也未进行整改情况复查，致使施工现场安全隐患长期存在，塔吊、升降机等长期违规使用。

7）市政府对建筑施工行业"大排查快整治严执法"活动指导不到位。

未能全面贯彻落实省政府组织开展的"安全生产大排查快整治严执法活动"，对安全生产隐患排查整治领导组织不力，安全生产大排查、大整改不够深入、细致，存在盲区、死角；未严格督促龙口市住房和规划建设管理局及其下属单位依法履行建筑行业安全生产监管职责，对工程"打非治违"工作指导不力。

3. 事故处理

（1）司法机关已采取措施人员：

工地管理员，对此次事故的发生负有直接责任，涉嫌重大责任事故罪，已于 8 月 1 日被刑事拘留，8 月 15 日被批准逮捕。项目经理对此次事故的发生负有直接责任，涉嫌重大责任事故罪，已于 8 月 1 日被刑事拘留，8 月 15 日被批准逮捕，通报江西省住房和城乡建设厅，建议对项目经理吊销其执业资格证书，5 年内不予注册。设备租赁公司事故升降机现场安装负责人，对事故发生负有直接责任，涉嫌重大责任事故罪，已于 8 月 1 日被刑事拘留，8 月 15 日被批准逮捕，提请上级发证机关吊销施工升降机、塔式起重机建筑施工特种作业操作资格证，5 年内不予注册。机械设备租赁有限公司事故升降机现场安装人员，对事故发生负有直接责任，涉嫌重大责任事故罪，已于 8 月 1 日被刑事拘留，8 月 15 日被批准逮捕，提请上级发证机关吊销塔式起重机建筑施工特种作业操作资格证，5 年内不予注册。机械设备租赁有限公司经理，对事故发生负有主要领导责任，涉嫌重大责任事故罪，已于 8 月 1 日被刑事拘留，8 月 15 日被批准逮捕，提请上级发证机关吊销其施工升降机、塔式起重机建筑施工特种作业操作资格证，5 年内不予注册。现场监理员，对事故发生负有直接监理责任，涉嫌重大责任事故罪，已于

8月1日被刑事拘留，8月15日被取保候审，提请上级发证机关依法吊销注册监理工程师证，5年内不予注册。工程项目总监，提请上级发证机关依法吊销监理工程师证，5年内不予注册。总包单位法定代表人、总经理，对事故发生负有领导责任，涉嫌重大责任事故罪；鉴于事故发生后，能够积极组织、参与事故抢救，积极配合调查、主动赔偿损失，于8月8日取保候审。

上述人员属于党员的，待司法机关追究确定刑事责任后，按干部管理权限依法依规给予相应的党纪处分。

（2）建议给予党政纪处分的有关责任人员：

合作建设单位总经理，建议撤销其公司职务。建设单位董事、总经理，建议予以降级，建议给予其党内警告处分。市建筑业管理处安监一科副科长，建议给予其撤职处分，建议给予其党内严重警告处分。市建筑业管理处综合科副科长，建议给予其记过处分。市建设工程招投标管理办公室科员，建议给予其记过处分。市建筑业管理处副主任，分管安监一科、安监二科，建议给予其党内严重警告处分。市建筑业管理处副主任，分管办公室，建议给予其警告处分。市建筑业管理处主任，主持建筑业管理处全面工作，建议给予其记过处分。市住房和规划建设管理局党委委员，龙口市重点工程建设办公室主任，主持重点工作建设办公室工作，分管建筑业管理处，建议给予其记过处分。市住房和规划建设管理局党委委员，分管建设工程招投标管理办公室，建议给予其警告处分。市大飘山省级自然保护区管理处党工委书记、市住房和规划建设管理局局长（副县级），主持住房和规划建设管理局全面工作，建议给予其警告处分。市委常委、副市长，分管城市建设工作，建议给予其警告处分。

（3）对相关责任单位的处理建议：

建设开发单位，对该工程停止施工，限期1个月改正，处工程合同价款2%的罚款（1%~2%），由龙口市住房和规划建设管理局对总经理、项目实际负责人分别处单位罚款数额10%的罚款，建议由市安全生产监督管理局分别给予25万元行政处罚。总包单位，责令市住房和城乡建设局对该工程停止施工，限期改正（1个月）、处3万元罚款（3万元以下）。处工程合同价款1%的罚款（0.5%~1%），对公司法人处单位罚款数额10%的罚款（5%~10%）。依据有关规定停止该企业在市范围内承接新的工程项目的资格。建议通报省建设行政主管部门，由其依法进行处理。建议由市安全生产监督管理局给予80万~100万元行政处罚。机械设备租赁公司，事故升降的租赁、安装单位，予以取缔，没收违法所得，处以工程合同价款4%的罚款（2%~4%）；对公司法人处单位罚款数额10%的罚款（5%~10%）。建议由市安全生产监督管理局给予80万~100万元行政处罚。监理单位，提请上级发证机关依法吊销监理单位监理乙级资质证书。

建议由烟台市安全生产监督管理局给予50万元行政处罚。对建设单位和合作建设单位本年度诚信考核直接认定为不合格，暂停其参与市范围内建设生产经营活动的资格，责令限期整改，整改时间不少于6个月。建议责成市住房和规划建设管理局向市委、市政府作出深刻书面检查；市委、市政府向上级市委、市政府作出深刻书面检查。建议给予市政府安全生产"黄牌警告"，时限自2016年7月15日—2017年7月14日。

2.1.17　案例十七　山东省临沂市"8·30"塔机坠落事故（2016）

1. 事故简介

2016年8月30日16时30分左右，临沂市沂水县金苑新都北区3号楼工地发生一起建筑塔机坠落事故，造成3人死亡，直接经济损失423.2万元。

2016年8月30日早上7点左右，项目负责人安排4名起重机械安装人员到达临沂市沂水县金苑新都北区3号楼进行塔机附着加节作业，塔机操作司机为施工单位人员。作业至15时20分左右，已完成23节、24节顶升加节作业，在顶升套架准备加第25节的过程中，塔机套架完成第一步顶升，套架处于换步状态，塔身最上标准节顶部距离下转台底部悬空半个标准节高度，准备第二步顶升时，顶升作业的液压站出现故障，不能继续顶升，也不能降落，安装人员停止作业等待更换液压站。由于塔机加节升高，塔机司机为了避免相邻塔机的碰撞，征得安装人员的同意，将起重臂向南侧旋转45°位置，塔机司机停留在塔机驾驶室内，3名安装人员回到地面休息等待，1人因事随即离开现场。16时左右，施工单位管理人员、开拖车人员将预更换的液压站运到现场，拖车停放在塔机西向偏南75°、距塔身中心26m处，2名拆装人员重新回到塔机套架工作平台。16时20分左右，塔机起重臂旋转至液压站上方，将用于保持顶升平衡的标准节落下，随后负责地面司索工作的安装人员将液压站挂到吊钩上起吊。起吊后塔机起重臂旋转到东向位置，塔机套架西侧开口结构由原设计的承受拉力逐步转换为承受压力，最终导致塔机上部严重失衡，塔机套架及以上部件从失稳变形的塔身中脱出，平衡臂下压，起重臂猛然向上扬起，造成塔机安装人员及塔机司机3人从塔机上部坠落，经抢救无效死亡。

2. 事故原因

（1）直接原因

事故塔机在顶升加节过程中，液压顶升机构的液压站发生故障，导致塔机套架不能继续顶升，塔机上部部件仅靠套架支承在塔身顶升爬爪上，塔身在套架内悬空半个标准节且持续时间较长；安装人员和塔机司机违规操作塔机回转，导致塔机上部部件对套架支承点的力矩发生严重失衡，造成塔机上部套架及以上部件倾覆坠落，是事故发生的直接原因。

（2）间接原因

1）企业安全生产主体责任落实不到位。

总包单位安全生产主体责任落实不到位。企业违规出借起重设备安装工程专业承包资质供项目负责人承揽工程，违规使用未取得特种作业资格证书的人员从事塔机顶升加节作业；企业对职工安全教育培训不到位，塔机安装人员安全意识和安全技能不强；企业安全隐患自查自纠不深入不彻底，未制定塔机顶升加节作业应急预案，安全防护措施不落实；安装过程管理不力，安全隐患处置不当，安装人员严重违章操作。

设备租赁单位安全生产主体责任落实不到位。企业安全生产责任制不落实，工程项目管理制度执行不严格，存在将施工工程违法转包给个人和违规使用未出具检测合格报告的塔机进行施工的行为；事故工程项目安全管理不到位，安全管理人员未能履行安全管理职责，未安排专职安全管理人员现场监督塔机顶升加节作业，部分安全员无证上岗；企业安全培训教育流于形式，施工人员安全意识淡薄，塔机司机施工过程中违章操作。

监理单位安全生产主体责任落实不到位。项目监理工作职责不落实，专业监理人员未认真履行监理职责，现场监理把关不严，对塔机升节作业未进行现场监理，未及时发现并制止违章行为；存在监理人员无证上岗情况。

建设单位安全生产管理不到位。对承包单位的安全生产工作统一协调、管理不到位，对施工现场安全生产工作督促协调不力。

2）县政府及住建部门监管责任落实不到位。

县住建局对建设工程安全生产监管不到位。对建筑安装工程管理处履行监督管理和监察执法职责督促指导不到位，未能有效落实建筑施工、建筑安装、建筑监理等建筑企业安全生产监管责任。

县人民政府督促指导县住建局组织开展建设领域安全生产大排查快整治严执法行动不到位，对住建部门安全生产监管工作督促检查不力。

3.事故处理

（1）司法机关已采取措施人员：

塔机安装队负责人，涉嫌重大责任事故罪，2016年8月31日被公安机关刑事拘留，9月15日被批捕。监理公司第一分公司经理，涉嫌重大责任事故罪，2016年8月31日被公安机关刑事拘留，9月15日被批捕。总包单位董事长，涉嫌重大责任事故罪，2016年8月30日被公安机关刑事拘留，9月14日被取保候审。

以上人员是中共党员的，待司法机关作出处理后，建议由具有管辖权的单位及时给予相应的党纪处分。

（2）建议移交司法机关处理人员：

事故工程项目施工负责人，涉嫌重大责任事故罪，建议移交司法机关依法追究其刑事责任。建设单位总经理，涉嫌重大责任事故罪，建议移交司法机关依法追究其刑事责任。项目经理，涉嫌重大责任事故罪，建议移交司法机关依法追究其刑事责任。

以上人员是中共党员的，待司法机关作出处理后，由具有管辖权的单位及时给予相应的党纪处分。

（3）建议给予党纪政纪处分和问责人员：

县住建局建筑安装工程管理处建筑安全监督站站长，建议给予记过处分。县住建局建筑安装工程管理处副主任，负责建筑安全监督管理工作，分管建筑安全监督站，建议给予记过处分。县住建局建筑安装工程管理处主任（副科级），主持建筑安装工程管理处全面工作，建议给予警告处分。县住建局党委委员、副局长，负责全县建设领域安全生产工作，分管建筑安装工程管理处，建议给予诫勉谈话。

（4）其他有关人员问责建议：

县住建局党委书记、局长，主持住建局全面工作，建议责令其向县委县政府作出深刻检查。县委常委，负责城乡规划建设管理等工作，分管县住建局，建议责令其向县委县政府作出深刻检查。

（5）相关行政处罚及问责建议：

建议市安全生产监督管理局对建设单位、总包单位分别处以五十万元罚款。建议由市安全生产监督管理局对负责人员分别处以其 2015 年年收入 40% 的罚款，自刑罚执行完毕或处分之日起，5 年内不得担任任何生产经营单位的主要负责人。建议由市安全生产监督管理局对建设单位处以五万元罚款，对其法定代表人处以 1 万元罚款。建议由住建部门对总包单位和安拆单位处以暂扣安全生产许可证的处罚。将总包单位、安拆单位纳入全市安全生产"黑名单"管理。责成县住建局向县委、县政府作出深刻检查。责成县委、县政府向市委、市政府作出深刻检查。

2.1.18　案例十八　辽宁省沈阳市"9·15"塔机倾覆事故（2016）

1. 事故简介

2016 年 9 月 15 日 16 时许，沈阳市浑南区河畔新城五期施工现场基坑负一层作业面东南侧 1 台塔式起重机（以下称"塔吊"）进行顶升作业时，顶升机构处发生折断倾覆事故，事故共造成 3 人死亡，3 人受伤，直接经济损失 500 余万元。

2. 事故原因

（1）直接原因

设备租赁单位雇佣的安装工人在塔吊顶升作业过程中违规指挥塔吊回转操作。设备租赁单位发生事故的塔吊在此次顶升作业过程中的主要受理结构件及其连接处在事故发生前就已存在锈蚀、开裂等现象，削弱了顶升套架及其连接的强度，顶升套架后片组织上部与连接板处焊缝锈蚀、开裂，造成强度不足。

（2）间接原因

1）设备租赁单位未依法建立、健全安全生产责任制和安全生产规章制度，塔吊日常维护保养欠缺，安装时未按规定使用安装单位备案安装人员，自行组织其他人员进行塔吊安装。

2）总包单位项目部未依法履行施工现场的安全监督职责，未认真审核塔吊制造许可证、产品合格证、制造监检证明、自检报告等相关文件，未认真审核安装单位及安装人员的相关资质条件，塔吊安装过程中未派人进行监督检查。

3）监理单位监理部，未认真履行监理职责，未认真审核塔吊制造许可证、产品合格证、制造监检证明、自检报告等相关文件，未认真审核安装单位及安装人员的相关资质条件。发现安全隐患虽然下达隐患整改通知书，但隐患未消除未向建设单位及有关主管部门进行报告。

4）区建设行政主管部门安全监督检查不到位，执法不力，对施工现场生产安全事故隐患排查治理不力，未能及时消除事故隐患。

3. 事故处理

租赁单位法定代表人未依法履行安全生产管理职责，建议由公安机关依法追究其刑事责任。总包单位项目部安全员，建议市建设行政主管部门依法撤销其安全员资格证书。总包单位项目部负责人，建议给予其撤职处分，5年内不得担任任何生产经营单位的主要负责人。

监理单位项目监理部总监代表，建议市建设行政主管部门依法吊销其相关执业资格证书，5年内不予注册。监理单位项目监理部总监理工程师，建议市建设行政主管部门责令停止其执业一年。区城乡建设局安全监督站副站长，建议撤销其安全监督站副站长职务。区城乡建设局安全监督站站长，建议给予记过处分。区城乡建设局副局长，建议给予警告处分。市城乡建设委员会建筑安全监督管理站副站长，建议市城乡建设委员会给予通报批评。对相关单位的处理建议设备租赁单位，建议市安监局对其处以55万元的罚款，建议市建设行政主管部门依法调查处理。总包单位，建议市安监局对其处以50万元的罚款。监理单位，建议市安监局对其处以30万元的罚款。

2.1.19 案例十九 河南省息县"2·19"物料提升机坠落事故（2017）

1. 事故简介

2017年2月19日7时50分许，信阳市息县龙湖办事处三合安置区3号楼建筑工地，发生一起起重伤害事故，造成3人死亡，直接经济损失约369万元。

2月13日，因扬尘治理停工，在未经节后复工验收的情况下，负责3号楼施工作业负责人开始恢复施工，2月19日实施楼顶防水工程。19日早上6时20分左右，6名施工人员根据施工作业负责人的安排到龙湖星城9号楼搅拌水混凝土砂浆。7时30分左右，6人将搅拌好的水混凝土砂浆向三合安置区3号楼运送，准备到楼顶施工。施工作业负责人发现事故设备供电电缆损坏，不能正常工作，和另一人一起维修电缆（两人非专业电工）。接好电缆线并通电后，使用遥控开关操作事故设备时，发现遥控开关电池没电，施工作业负责人就拿着遥控开关到龙湖星城9号楼工棚更换电池，1人继续去9号楼搅拌砂浆。2人把两斗车砂浆推进吊笼，2人担心到楼顶推不动，就拉1人一起乘坐吊笼上楼顶。1人在地面负责操作事故设备，1人负责观察吊笼运行。

此时吊笼内载有两斗车水混凝土砂浆（约350kg）和3名工人，事故设备没有超载。7时50分许，1人在地面操作事故设备电箱控制器上行自动复位型电气开关（点动上行按钮开关）向上提升吊笼。行至10层时负责观察吊笼运行的工人喊停，负责操作事故设备的工人立即点按制停开关，但是事故设备不能停止，此时施工作业负责人在五六十米外发现事故设备仍在上升，向工地边跑边紧急喊停，负责操作事故设备的工人拼命按电箱控制器，但是电箱控制器不能有效制动，制停开关失效，吊笼继续向上提升。吊笼冲顶（自升平台）后吊笼向上运行受阻，卷扬机持续运转的拉力导致钢丝绳在自升平台处突然断裂，因为未安装渐进式防坠器，吊笼从11层楼顶端（高度36.5m）坠落，3名工人当场死亡。

2. 事故原因

（1）直接原因

事故设备电气控制柜面板上的点动上行按钮开关被卡阻不能正常复位，多功能安全保护装置被短接失效，应急开关故障失效并且电路连接不正确，致使吊笼提升冲顶；防坠器型式安装错误导致吊笼坠落。物的不安全状态是该起事故发生的直接原因。

从业人员违规乘坐物料提升机加重了事故的后果。

（2）间接原因

1）建设单位违法违规开发建设三合安置区项目；物料提升机安装、使用、监理单位安全生产主体责任不落实，违法违规安装使用管理起重设备。

① 建设单位。不具备事故项目开发建设资质，违规开发建设；未依法履行基本的建设程序，未取得施工许可证擅自开工建设；违法将项目监理工程发包给不具备资质条件的监理单位；未督促参建单位建立健全安全生产责任制，督促其足额配备满足条件的人员；没有按照有关规定和合同约定向施工单位及时足额拨付安全文明施工措施费，无法保障施工现场施工安全所需资金。

② 设备安装单位。未建立安全生产责任制；未按规定制定物料提升机专项施工方案；未按规定进行技术交底；未按规定建立事故设备技术档案；未按规定对物料提升机进行自检、验收和交付使用；未建立物料提升机安装记录。

③ 设备使用单位。未建立安全生产责任制；违法分包工程项目；未按要求提取安全文明经费；未按规定使用、养护物料提升设备；未按规定建立应急救援体系；对行业主管部门下达的整改要求不整改不落实；未按规定组织事故设备验收、交接；未建立物料提升机工程档案。

实际使用人。未建立安全生产责任制；违法违规开工建设；聘请无证人员从事特种作业，违规操作；未按规定落实安全施工措施，施工现场管理混乱；未依法履行行业主管部门下达的整改指令，擅自使用检测不合格的物料提升设备。

④ 监理公司。未建立安全生产责任制，未落实安全生产主体责任；超资质范围承揽三合安置区项目监理业务；未按规定足额配备安全监理；未按规定履行监理职责，未依法依规对危险性较大的分部分项工程进行督促整改，未及时发现并正确处置重大事故隐患；未按规定组织工序验收、没有形成验收记录。

2）县建设行政管理部门未依法履行行业监管职责，未依法对事故项目和物料提升机进行监督检查，未对违法违规行为立案查处。

① 县住建局。未依法依规履行行业监管职责，未按照上级要求开展安全生产大检查和隐患排查治理工作，全县建筑业市场管理混乱；放任所属企业违法承揽监理项目，监理工作形同虚设；放任事故项目施工单位违法分包工程项目、违规施工作业、违规使用不符合要求物料提升设备；未依法依规对违法建设、违法违规安装使用物料提升机行为进行监督检查并立案查处；行业领域管理松懈，未按要求建立应急值班制度，未按规定建立应急救援体系，局内各部门（单位）工作衔接机制不健全，信息流转不通畅。

建设管理股。未依法履行监督管理职责，未按规定指导和规范全县建筑市场；未按规定对事故项目招标投标、施工合同备案、安全生产等工作进行管理和监督；未按规定管理监督三合安置房项目参建各方履行职责。

② 县工程监督站。未依法依规履行安全监督责任，未按规定制定监督检查计划，未建立日常巡查制度，未建立日常巡查记录；未按照上级要求开展全县行业领域安全生产大检查工作；未按规定对事故项目参建各方实施安全监管；未对

事故项目违法施工、违规安装使用物料提升机行为进行监督检查，采取监管措施；对事故项目违法建设和违规安装使用物料提升机行为未依法移交相关单位协助落实整改措施或立案查处；对 3 号楼物料提升机安装拆卸专项施工方案、技术交底未提出整改要求或制止违规行为；事故项目整改意见书、停工文书未下达至适格主体；违规为不符合备案条件的物料提升机进行备案登记；对检测不合格的物料提升机未依法采取监管措施。

③ 县监察大队。未依法履行执法监察职责，未按规定制定执法监察计划，未建立日常巡查制度，未建立日常巡查记录；未按规定采取措施制止事故项目违法建设行为；停工文书未送达适格主体；未对事故项目违法建设行为、事故设备违规安装使用行为进行立案查处。

3) 政府未能依法履行安全生产属地管理和行业管理职责。

息县人民政府安全生产"红线意识"不牢，未依法履行安全生产属地领导责任，未按照上级要求组织开展全县安全生产大检查和隐患排查治理工作，违规安排龙湖办事处开发建设事故项目，对县住建局等相关部门对事故项目违法违规行为的处理意见和龙湖办事处办理项目许可手续的请示报告没有及时研究处理，全县政府投资项目存在不办理手续就擅自开工的现象。

3. 事故处理

(1) 司法机关已采取措施人员：

项目经理，项目实际控制人，三合安置房项目物料提升机使用单位实际负责人。因涉嫌重大责任事故罪，已于 2017 年 2 月 28 日被县公安局刑事拘留，2017 年 3 月 20 日被取保候审。3 号楼清包工负责人，物料提升机所有人，因涉嫌重大责任事故罪，已于 2017 年 2 月 19 日被县公安局刑事拘留，2017 年 3 月 24 日被取保候审。施工作业负责人，三合安置房项目混凝土瓦工分包，因涉嫌重大责任事故罪，已于 2017 年 2 月 19 日被县公安局刑事拘留，2017 年 3 月 24 日被取保候审。事故设备操作人，违规操作物料提升机，因涉嫌重大责任事故罪，已于 2017 年 2 月 19 日被县公安局刑事拘留，2017 年 3 月 24 日被取保候审。监理公司项目经理，因涉嫌重大责任事故罪，已于 2017 年 3 月 8 日被县公安局取保候审。县工程监督站站长，因涉嫌玩忽职守罪已于 2017 年 3 月 20 日被县人民检察院取保候审。县工程监督站副站长，因涉嫌玩忽职守罪已于 2017 年 3 月 20 日被息县人民检察院取保候审。县监察大队大队长，因涉嫌玩忽职守罪已于 2017 年 5 月 26 日被息县人民检察院取保候审。县监察大队副大队长，因涉嫌玩忽职守罪已于 2017 年 5 月 26 日被息县人民检察院取保候审。

以上人员属中共党员或行政监察对象的，待司法机关作出处理后，由当地纪检监察机关或有管辖权的单位及时给予相应的党政纪处分。

（2）建议给予政纪处分的企、事业单位人员：

县监理公司经理，建议给予其撤职处分。

（3）建议给予党纪、政纪处分的行政机关人员：

县人民政府副县长，建议对其进行诫勉谈话。

县住房城乡建设局书记、局长，负责全面工作，建议对其进行诫勉谈话。

县住建局副局长，建议给予行政记大过处分。

县龙湖街道办事处党工委书记，建设单位负责人，建议对其进行诫勉谈话。

县龙湖街道办事处主任科员，建议给予行政记过处分。

（4）建议对相关单位和人员作出行政处罚

责成市住房和城乡建设局依法依规对总包单位、监理单位有限公司的资质作出处理，并将结果抄报市监察局、市安全监管局。责成市住房和城乡建设局依法依规对设备租赁单位在三合项目3号楼物料提升机安装过程中的违法违规行为立案调查，依照《建设工程安全生产管理条例》按上限对其进行经济处罚，并将结果抄报市监察局、市安全监管局。建议市住房和城乡建设局依法依规对设备租赁单位资质作出处理，并将结果抄送市监察局、市安全监管局。责成市住房和城乡建设局依法依规对相关人的执（职）业资格作出处理，并将结果抄报市监察局、市安全监管局。

2.1.20 案例二十 河北省保定市"3·27"吊篮高坠事故（2017）

1. 事故简介

2017年3月27日7时20分左右，莲池区裕华商务中心建设项目施工现场，工人在准备进行外墙保温施工过程中，发生一起高处坠落事故，造成3人死亡，1人受伤。直接经济损失约336万元。

3月27日7时许，负责外墙保温施工的部分工人来到施工现场，4个人跨进了吊篮。一人佩戴好安全帽、安全带，并将安全带挂在吊篮的独立救生绳上，站在吊篮的最南侧，其余4人依次向北排列站立。4人站稳后，1人开始按住开关装置的上升按钮，吊篮一直上升，在升至11层至12层中间位置的时候，吊篮的南侧绳索突然打滑，吊篮南端瞬间向下坠落造成吊篮整体严重倾斜，3人甩出吊篮，摔落地面当场死亡。1人由于佩戴了安全带，虽甩出吊篮但悬挂在半空中，其大腿与吊篮护栏相撞，致右侧大腿骨折。

2. 事故原因

（1）直接原因

吊篮内作业人员违反了《建筑施工工具式脚手架安全技术规范》第5.5.7、5.5.10条第②款，违规使用吊篮运送人员，且3名搭乘人员未系安全带。运行过程中，吊篮南侧的钢丝绳突然打滑，吊篮南端向下坠落，安全锁未能起到制动作用，致使吊篮瞬间倾斜，是造成 3 人坠落而亡、1 人受伤事故的直接原因。

（2）间接原因

1）经营管理混乱、施工现场安全管理缺失。

建设单位依法发包给中标单位后，又将项目中外墙保温装饰工程部分，违法重新发包另一单位。中止施工后未向发证机关（市住房和城乡建设局）报告自行恢复施工。

承揽施工单位承揽外墙保温装饰一体板工程后，没有向现场派出任何工作人员进行安全管理，而将工程转给没有施工资质的实际施工单位进行施工。

实际施工单位在施工过程中也未向施工现场派驻专职安全生产管理人员，而是与自然人签订劳务合同，把现场施工组织、安全管理交由没有任何资质的个人负责。

施工队未制定安全生产责任制度、教育培训制度、管理制度和岗位操作规程，导致施工现场安全生产管理缺失。

2）施工单位项目负责人、现场组织管理人员未取得相应执业资质，不具备相应的安全生产管理能力，隐患排查不到位，施工人员安全意识淡薄。

一是工程项目负责人、施工队负责人未取得相应的执业资格，不具备安全生产管理能力。

二是隐患排查不到位。吊篮使用前未按《建筑施工工具式脚手架安全技术规范》有关高处作业吊篮中第 8.2.1、8.2.2 条第③款要求，对操作人员资质及吊篮进行验收。

三是单位未对员工进行安全生产教育培训，未书面告知危险岗位的操作规程和违章操作的危害，吊篮操作人员无证上岗，安全意识淡薄，违规使用工作吊篮运送人员，且搭乘人员未系安全带。

3）项目监理不到位。

监理单位对施工现场监理不到位，对施工单位的违规问题没有及时纠正。项目施工期间，项目总监发生变更，但单位未进行正式任命，未组织进行工作交接，并存在现场监理人员与备案人员不符的情况，致使监理人员职责不清，对项目情况了解不够。在外墙保温装饰一体板工程专项施工方案未通过审核，且未按《建筑施工工具式脚手架安全技术规范》有关高处作业吊篮中第 8.2.1、8.2.2 条第③款要求，对操作人员资质及吊篮进行验收的情况下，就默许施工单位人员吊篮设备进场施工。对中止施工后未向发证机关报告自行恢复施工的行为，未进行有效制止。

4）行政监管不到位。

市住房和城乡建设局（以下简称市住建局），监督检查不到位，未及时发现并制止建设项目中外墙保温装饰一体板工程施工单位无资质、安全管理人员无资质及监理工作不到位等问题。

3. 事故处理

（1）建议追究刑事责任的人员。

某人，出租安全锁未按期标定的吊篮，涉嫌刑事犯罪，区公安分局已于2017年4月25日对其采取刑事拘留强制措施，5月4日正式逮捕。施工队负责人，负责施工现场的组织指挥工作，涉嫌刑事犯罪，莲池区公安分局已于2017年3月28日对其采取刑事拘留强制措施，5月4日正式逮捕。施工队负责人，负责施工现场的组织指挥工作，涉嫌刑事犯罪，莲池区公安分局已于2017年3月28日对其采取刑事拘留强制措施，5月4日正式逮捕。工程项目负责人涉嫌刑事犯罪，莲池区公安分局已于2017年3月28日对其采取刑事拘留强制措施，5月4日正式逮捕。

（2）检察机关采取强制措施人员。

市住建局建筑工程与施工安全监督处监管二科科员，市住建局建筑工程与施工安全监督处监管二科科员，市住建局建筑工程与施工安全监督处监管二科副科长，市住建局建筑工程与施工安全监督处监管二科科长。区人民检察院于2017年6月16日对上述四人立案调查。待有结论后再依法依规作出相应处理。

（3）建议事故相关单位内部处理的责任人员。

项目监理员，建议责成公司给予其5000元的经济处罚并辞退，处理结果报市安监局备案。监理部部长，建议责成公司给予其2万元的经济处罚并撤职，处理结果报市安监局备案。建设项目负责人，建议责成百悦公司给予其1万元经济处罚并撤职，处理结果报市安监局备案。

（4）建议给予党纪、政纪处分的人员。

市住建局建筑工程与施工安全监督处副处长，建议由市监察局给予其行政警告处分，处理结果报市安监局备案。

2.1.21 案例二十一 安徽省桐城市"3·27"塔机坠落事故（2017）

1. 事故简介

2017年3月27日12时50分左右，桐城市金色阳光城项目7号楼建设工地，在塔式起重机（以下简称塔吊）安装过程中，发生一起高坠事故，造成3人死亡，直接经济损失300余万元。

事故发生的经过和事故救援情况：

3月27日上午7点多，安装班组负责人带3名安装工到金色阳光城三期工地7号楼安装塔吊。公司项目执行经理安排安全员项目技术负责人对4名安装工进行安全教育，签了安全技术交底书，并安排安全员在安装现场监督。8时许，4名安装人员和配合塔吊安装的汽车吊司机一起进入施工现场，在场监督。上午完成了8节标准节和套架的安装。12时50分左右现场已安装完成11节标准节（最上部标准节），此时套架已安装在最上部标准节上，3名安装工在套架作业平台上准备进行上下支座与套架连接耳板销轴安装时，上下支座与套架耳板相接触，上下支座对套架施加了作用力，导致顶升横梁的销轴从标准节支承块上滑脱，套架滑落下坠至塔基支撑处，3名安装工随套架下坠后甩落至基坑内，1人当场死亡，另2人重伤经送医院抢救无效后死亡。

2. 事故原因

（1）直接原因

塔吊顶升横梁未设置防脱功能，塔吊安装人员违章操作，未按施工方案施工，安装人员未正确使用安全带。顶升横梁的销轴从标准节支承块上滑脱导致套架整体滑落。

（2）间接原因

1）事发塔吊经多次转场使用，未按照规定要求进行维护保养；

2）塔吊安装单位现场未按施工方案要求安排安全员、司索信号工到场配合安装；

3）监理单位履行监理职责不到位，未认真履行塔吊安装现场旁站职责，未审查进场设备安全技术性能，未严格审查塔吊安装告知书中相关内容；

4）总包单位现场安全员未对塔吊安装人员违章操作行为予以纠正和制止；

5）建设单位对塔吊安装作业未能实施有效统一协调管理；

6）属地管理和行业监管不力。

3. 事故处理

（1）建议追究刑事责任人员

设备租赁单位法定代表人（董事长）、该公司安全生产主要负责人，建议公安机关对其立案侦查，并依法追究其刑事责任。

设备租赁单位总经理，建议公安机关对其立案侦查，并依法追究其刑事责任。

监理单位监理工程师（安全监理）、总监代表，建议公安机关对其立案侦查，并依法追究其刑事责任。

（2）建议给予政纪处分的人员

市住建局党组书记、局长，建议由桐城市按照干部管理权限给予其行政记过处分。市住建局分管副局长，分管建筑施工安全和城建执法稽查，建议由市局按照干部管理权限给予其党内警告处分。

市住建局安全科科长、建工处主任，建议由桐城市按照干部管理权限给予其记过处分。市住建局安全科副科长，建议由桐城市按照干部管理权限给予其撤销副科长职务处分。街道办事处副主任，建议由桐城市按照干部管理权限给予其行政记过处分。市建筑管理处技术科办事员，建议由安庆市住建委按照干部管理权限给予其记过处分。

市政府分管城建的副市长，建议对其严肃批评（由市纪委约谈），依规整改，并在一定范围内通报。

（3）建议给予行政处罚的人员

总包单位法定代表人，建议对其处以 2016 年其本人年收入 40％的罚款。监理单位总监，建议由市住建委提请发证机关依法撤销其监理资格。监理单位监理员，建议由市住建委提请发证机关依法撤销其监理资格。总包单位副总经理、分公司负责人，建议对其处以 2016 年其本人年收入 40％的罚款。总包单位分管项目领导，建议对其处以 2016 年其本人年收入 40％的罚款，并由总包单位撤销其领导资格。项目执行经理，建议对其处以 2016 年其本人年收入 40％的罚款。项目安全员，建议对其处以 2016 年其本人年收入 40％的罚款。塔吊安装操作临时工、塔吊安装召集人，建议由市住建委提请发证机关依法撤销其建筑起重机械安装拆卸工操作资格证。

（4）建议给予行政处罚的单位

设备租赁单位，建议对其处以 70 万元罚款，并依法吊销其起重设备安装工程专业承包三级资质。监理单位，建议对其处以 70 万元罚款，并依法吊销其房屋建筑工程监理乙级资质。总包单位，建议对其处以 50 万元罚款。建设单位，建议对其处以 50 万元罚款。

（5）建议作出深刻书面检查的单位

市人民政府，该单位未认真履行属地监管责任，督促市住建局履行安全生产监督管理职责不力，对该起事故负属地监管责任。建议责成市人民政府作出深刻书面检查。市住建局，该单位未认真履行行业主管部门职责，对本辖区建筑市场安全监管不到位，对施工单位上报资料审查把关不严，对该事故发生负有监管责任，建议责成其向市住建委作出深刻的书面检查，并由市住建委在全市范围内予以通报批评。市建筑管理处，没有制定严谨的塔吊报备管理制度，业务科室对塔吊报备材料审查把关不严，依据报备材料和实物比对程序不规范，备案后疏于监督检查，对进入建筑市场塔吊源头管控不力，对该起事故的发生负有管理责任，建议责成其向市住建委作出深刻的书面检查。

2.1.22　案例二十二　山西省太原市"5·14"塔机坍塌事故（2017）

1. 事故简介

2017 年 5 月 14 日 9 时 30 分左右，太原火车南站对面万科广场项目 1 号楼施工现场发生一起塔式起重机倾覆坍塌事故，造成 3 人死亡、2 人受伤，直接经济损失约 360 万元。

事故发生的经过：

2017 年 5 月 8 日，设备租赁单位擅自决定将更换的型号为 QTZ250（C7032）的起重机分散拆零后进入施工现场，在不具备安装此型号起重机资质情况下，于 5 月 11 日初次安装作业完毕后，又分别在 5 月 12 日、13 日两天进行了安装作业。

2017 年 5 月 14 日，设备租赁单位员工五人根据公司调度安排，由班组长带队到五公司项目部承建的万科广场项目 1 号楼施工现场安装 3 号塔式起重机，9 时 30 分左右，在安装顶升过程中，因发现顶升油泵提升特别慢、压力不足，勉强顶完一个行程后，在保险到位、顶升横梁挂接到位的前提下进行检修，班组长安排 1 人下去取工具和配件，并让 1 名无建筑施工特种作业操作资格证的人员上机协助作业，随后 1 人进入司机室，为更换液压泵站，违规操作旋转大臂，造成塔式起重机倾覆坍塌，导致起重机上的 1 名作业人员高空坠落，经抢救无效后死亡。塔机砸塌施工区外的办公区活动板房后，导致办公区活动板房内 1 人当场死亡，1 人经抢救无效后死亡，2 人受轻伤。

2. 事故原因

（1）直接原因

设备租赁班组长在组织塔式起重机顶升作业过程中，在液压泵站出现故障后，擅自组织更换液压泵站过程中进入塔式起重机驾驶室，违章操作并回转起重臂，致使套架塔身弯曲破坏，造成上部结构整体倾覆坍塌，是导致此次事故发生的直接原因。

（2）间接原因

1）设备租赁公司，私自安装未办理特种设备安装拆除告知手续的起重机；购买伪造虚假资质手续，组织不具备相应资质等级的队伍施工作业；未编制有效的塔机安拆方案，对安装现场的安全管理和作业人员安全教育和培训不到位，致使公司员工在安装过程中违章指挥、违章操作，是导致事故发生的重要原因。

2）监理单位，对虚假资质手续审核把关不严，监理人员未按规定在施工现场进行旁站，是导致事故发生的重要原因。

3）建设单位有关人员对承包单位的安全生产未进行统一协调，是导致事故发生的原因之一。

4）市建筑安全监督管理站，对特种设备备案手续审核把关不严，建筑工地特种设备安全监管存在漏洞，是导致事故发生的原因之一。

3. 事故处理

（1）事故相关人员责任及处理建议

设备租赁单位现场安装队班组长、安全员，建议司法机关追究其刑事责任。设备租赁单位经理，建议司法机关追究其刑事责任。某群众，向设备租赁单位出售伪造的虚假资质手续，对事故的发生负有主要责任，建议司法机关追究其刑事责任。设备租赁单位法人代表，建议对其处以 4.8 万元的罚款。项目副总经理，建议对其处以 5 千元的罚款。项目经理建议对其处以 3 千元的罚款。监理单位土建监理，建议由市建设主管部门责令其停止执业 6 个月。监理单位总监，建议由市建设主管部门责令其停止执业 6 个月。市建设安全监督管理站特种设备科负责人，建议给予其警告处分。市建设安全监督管理站站长，建议给予其警告处分。市建设安全监督管理站监督一科监督员，建议向市住房与城乡建设委员会作出深刻检查。市住房与城乡建设委员会副主任，分管市建筑安全监督管理站工作，建议由市安委办负责人对其进行约谈。以上有关人员的处分，依据干部管理权限由相关部门作出处决定。

（2）事故相关单位责任及处理建议

设备租赁单位，建设给予行政罚款 100 万元整。监理单位，建议由建设行政主管部门责令其停产停业整顿，并给予行政罚款 20 万元整。市住房和城乡建设委员会，建议向太原市市委、市政府作出深刻检查。

2.2 事故发生特点及规律

塔式起重机事故：

塔式起重机事故全部是安拆、顶升作业阶段发生的。

事故原因多是违规操作。发生此类事故的塔式起重机多存在于实力较弱的设备租赁企业中和个人手中，其技术人员和作业人员的能力也较差。安装过程中常出现一些没有方案、交底和教育的情况，没有技术人员和安全人员的旁站指导，作业人员甚至对于一些常识性的技术问题也会犯错，从而容易导致事故的发生。

根据统计的起重机械设备型号分析，事故均是起重量≤80t·m 的塔式起重机。此类塔式起重机多存在于实力较弱的设备租赁企业中和个人手中，对于起重机械的管理、维护保养和检查都没有重视，设备问题也较多。

从安拆、顶升单位的资质分析可以看出，起重机械发生较大事故与责任主体单位资质高低有明显的关联度；越高资质等级的责任主体单位对起重设备把控的能力越好。结合总包单位的资质进行分析，其结果说明各总包单位并没有对起重设备有很好的管理，总包单位缺少专业的起重机械管理人员。很可能在整个市场普遍存在着"以包代管"的现象，导致总包单位现场管理的缺失情况严重，履职不到位的情况普遍。

高处作业吊篮事故：

高处作业吊篮事故全部发生在使用阶段。

按照标准要求，高处作业吊篮仅能乘坐 2 人，但事故中的吊篮乘人全部超过2 人。说明了施工现场的机械管理在此阶段产生了较大的漏洞。

对于吊篮的使用来说，防止倾覆和人员高坠的安全保护方式很多，比如作业人员需要使用安全大绳、安全锁和安全钢丝绳系统，配（压）重的二次固定。但吊篮的倾覆和人员高坠事故频发，一方面说明了相关作业人员不懂吊篮的维护和使用、野蛮施工；另一方面也说明了管理者对吊篮安装、使用和拆除的监管不到位，没有管理。

物料提升机事故：

物料提升机是一种只允许运载物料的起重机械。

物料提升机与高处作业吊篮对于人员要求的特点相近。事故中的物料提升机均出现乘人的情况，同样说明了现场的管理基本丧失，使用人员也没有接受基本的技术、安全教育，从而犯了常识性的错误。

物料提升机的设计就是载物而不载人，所以设计安全保护装置比较简单、功能也比较单一，不具备对乘员的保护功能，因此物料提升机不允许乘人。从现场情况来看，物料提升机的安全保护装置多因为人员破坏造成，所以从出现隐患到事故发生往往很快。综上所述，对于物料提升机安全管理的重点就在于现场管理和人员教育，只有保证人员没有违规违章作业，才会保证物料提升机不发生人员伤亡事故。

施工升降机事故：

施工升降机事故的发生既有顶升阶段，也有使用阶段。

在使用阶段发生事故的原因主要是安全保护装置和工作结构件对施工升降机的安全可靠性都具备重要的作用，出现安全保护装置和工作结构件故障就有可能会造成事故发生。

在顶升阶段发生事故的原因主要是在顶升过程中安全保护装置和工作结构件会存在不可靠的情况，对于非专业人员可能会察觉不到，一旦使用，就会有出现事故的可能。

所以对于施工升降机，一方面要做到正常的检查、维护保养到位，保证正常工作；另一方面要做到顶升作业边施工边验收，才能保证施工升降机事故率下降。

汽车式起重机事故：

此次收取的关于汽车式起重机的事故只有一起，但也比较具有代表性。汽车式起重机的事故往往都是因为前期的安全、技术工作不到位，或者未按方案实施。

2.3 事故原因分析

2.3.1 事故直接原因分析

分析各事故报告，直接原因主要是违章操作和设备本身存在隐患，这两种情况覆盖了绝大部分起重机械较大事故，占全部起重机械事故95%以上。

而违章操作比设备本身存在隐患在数量上更突出，在塔式起重机事故中由于操作错误造成的事故占总事故数量的73%以上。根据统计的事发设备所处阶段分析，在安拆顶升阶段数量为14起，占比超过60%，使用阶段为8起（其中高处作业吊篮较大事故的4起全部为使用阶段）。

根据塔式起重机事故现象的统计分析，"顶升时发生回转""更换液压泵站"这两个方面主要是由于在进行安拆顶升作业前设备租赁单位（维保单位）人员对塔式起重机检查、维保不到位造成的，因此加强对设备租赁单位（维保单位）的检查、维保能力人员培训建设是解决此类问题的根本手段之一。"操作流程、步骤错误""未配平"这两个方面主要是由于进行安拆顶升作业时安拆企业人员能力较低造成的。因此加强对安拆单位的拆装人员培训建设，落实技术人员、安全人员旁站指导是解决此类问题的有效手段之一。

根据统计的起重机械设备型号分析，事故均是起重量≤80t·m的塔式起重机。此类塔式起重机同样多存在于实力较弱的设备租赁企业中和个人手中，对于起重机械的管理、维护保养和检查都没有重视，设备问题也较多。

此类塔式起重机多存在于实力较弱的设备租赁企业中和个人手中，只有缩小实力较弱的设备租赁企业中和个人在市场中的活动空间，才能杜绝此类事故出现。

根据统计的责任主体单位资质等级分析，一级资质的单位没有发生机械较大事故，二级资质的单位发生机械较大事故为1起，三级资质的单位发生机械较大事故为8起，无资质的单位发生机械较大事故为10起，超过统计数量50%。

说明了机械发生较大事故与责任主体单位资质高低有明显的关联度，资质的管理发挥了重要的作用；资质等级高的企业在技术水平、管理能力、现场管控等方面能发挥良好作用。

因此，提高总承包企业的管理能力和管理力度，继续深化机械安装资质管理是目前解决建筑机械较大事故的最直接手段。建立各级的机械管理体系、提高相关人员的素质与技能是长远的努力方向。

2.3.2　间接原因分析

事故发生的间接原因情况较多，各统计数据比较离散，甚至一些间接原因与设备发生事故没有直接联系。但人员履职不到位，监理履职不到位，方案、交底、教育和政府部门这四类情况比较突出，仅人员履职不到位就覆盖了全部事故。这说明了管理人员、技术人员对设备技术不了解、状况不清楚，从而形成一种对设备不会管理、没有管理的混乱局面。因此，利用人员备案制度，真正建立起设备管理制度，才能让企业真正管控起重设备。

2.4　预防措施

综上所述，在建筑起重机械较大安全事故中，塔式起重机是占比最高的设备类型，其主要原因是人员在操作中的失误造成，导致失误的主要直接原因有：(1) 人员不具备安装能力，采取了错误的方法（错误操作或处理故障问题的措施错误）；(2) 顶升前缺少必要的检查与维护；(3) 设备自身存在缺陷。从管理角度分析人员的能力不足主要是现场监管缺位，放任无资质人员从事塔式起重机的安装、顶升工作，特别是对顶升环节的人员资质核对工作基本未落实。结合时间、空间维度和设备能力等原因加以研究发现，每年的 3 月和 7、8 月是全国塔式起重机安装事故的高发期，各地均有发生。这一特点说明春节后复工阶段的人员培训工作是降低事故的重要手段，而 7 月由于施工旺季的顶升数量剧增和人员短缺之间的矛盾加剧导致大量无证人员进入现场。设备自身的安全储备和事故有着密切的关系，只有一起事故是发生在起重能力在 125t·m 以上的设备安装作业；结合建筑施工中起重设备的配置原则分析，在大量的中、低层建筑施工中常用此类中、小型设备起重设备。

因此，塔式起重机的安全事故发生是以下几种情况的重点交集的结果：

(1) 使用中、小型机械设备作业；

(2) 安拆、顶升工况；

(3) 现场管理缺位。

由于造成机械事故多是由于以上多种情况同时出现后造成的，体现出机械管理方面多方位的缺失，更体现出人员能力较低的结果。因此，提高总承包企业的管理能力和管理力度，继续深化机械安装资质管理是目前解决建筑机械较大事故的最直接手段。建立各级的建筑机械管理体系、提高相关人员的素质与技能是长远的努力方向。

第3章 基坑事故案例分析及预防措施

基坑事故是建筑施工中极易引发群体伤亡的主要事故类型之一，尤其随着城市建设的快速发展，基坑开挖深度及规模也在不断加大，特别是在工程地质条件、水文地质条件、周边环境条件复杂地区，基坑工程的施工难度大大增加。从近年来发生的较大及以上事故统计情况看，基坑工程坍塌事故占比较大，是目前我国建筑施工安全生产重点整治的事故类型。

3.1 案例介绍

3.1.1 案例一 新疆乌鲁木齐市"5·30"基坑边坡坍塌事故（2014）

1. 事故简介

2014年5月30日12时05分左右，新疆乌鲁木齐市北京北路29号信达花园三期建筑工地（北京北路西侧新联路青少年出版社对面），在基坑边坡支护作业过程中发生一起边坡土方坍塌事故，造成4人死亡，直接经济损失约423.2万元。

2014年5月30日早晨约9时，支护作业现场负责人电话告知工地工人说"如果建设单位边坡土方挖完，可以干就干"。当天该工地停水，无法喷浆作业，因此工地的12名工人分别进行打锚杆、焊钢筋等工作，其中4名工人在基坑北侧中央部位进行边坡下部打锚杆作业。在12时05分左右，4名工作人员在移动锚杆机时，基坑北侧边坡上部突然发生塌方，将4名工人掩埋。

2. 事故原因

（1）直接原因

北京北路29号信达花园三期施工单位在无开工手续、无相关单位监督管理的情况下，擅自违法组织施工人员进行基坑开挖作业，在无防护措施的情况下进行基坑支护作业，致使基坑北侧距西段约30m处发生坍塌，造成现场4名作业人员被埋死亡。

（2）间接原因

1）基坑支护作业组织者明知该项目未办理相关开工手续，且无相关单位监管监理的情况下，未向施工单位通报相关情况，擅自组织施工人员进行基坑支护作业；偷工减料致使工程质量严重不合格；在明知该边坡角过小的情况下，未采取有效措施停止施工，冒险作业。

2）施工单位未根据专家评审意见对"信达花园三期基坑支护工程"岩土工程设计方案进行整改，基坑支护工程的设计、施工质量均不符合相关基坑支护规范要求，未按规定对施工现场采取有效的监督和管理。

3）建设单位在未办理工程基建手续（建设用地批准书、工程规划许可证、招标投标手续、质量监督手续、施工许可手续），施工现场基坑北侧管道、窖井有渗漏水影响，且相关单位多次要求停止施工的情况下，违法组织施工，逃避监管，冒险进行施工作业。

4）某物业公司在国有建设用地使用权未进行招拍挂转让的情况下，明知建设单位未办理土地权属变更，未办理项目开工手续，工程设计方案未根据专家评审意见整改，基坑支护工程的设计、施工质量均不符合相关基坑支护规范要求的情况下，却未按规定对施工现场采取有效的监督和管理。

5）高新技术产业开发区（新市区）城市管理行政综合执法局，未向相关部门上报违法事实，且未采取有效措施制止该工地施工。

6）市国土资源执法监察支队在日常巡查中未能发现该违法建设项目（未办理相关土地手续）的存在。

3.事故处理

（1）对事故相关人员的处理意见

1）对施工单位副总经理、基坑支护施工组织者，由司法机关依法追究其刑事责任。

2）对建设单位法定代表人，由相关部门给予相应的行政处罚。对某物业公司法定代表人、施工单位法定代表人、新疆分公司负责人，由相关部门给予相应的行政处罚并给予降级、记过等行政处分。

（2）对事故单位的处理意见

1）对施工单位，对公司管理和项目合作中存在的违规借用资质等违规违法行为立即进行整改。

2）对某物业公司，要妥善处理项目遗留问题，防止发生次生事故和群体性事件。

3）对高新技术产业开发区（新市区），要采取有效措施，加大对违法建设的监管力度，取得实效，杜绝此类事故再次发生。

4）市属各职能部门，要认真吸取此次事故教训，严格落实本部门安全生产责任，明确安全生产责任目标，并对责任制落实情况进行检查和考核。严格执行本行业的相关规定，尽职履责，加大对辖区违法建设行为的查处力度，积极组织、参与、配合开展安全生产联合执法工作，杜绝此类事故再次发生。

3.1.2　案例二　黑龙江省富锦市"7·3"沟槽坍塌事故（2014）

1. 事故简介

2014 年 7 月 3 日下午 5 点 45 分左右，黑龙江省富锦市工业园区锦园路北段明渠南侧施工现场，敷设排水管线时发生死亡 3 人、伤 1 人的较大事故，直接经济损失约 155 万元。

6 月 25 日，施工单位主管生产副经理组织施工队伍进入现场，在锦园路南段开始敷设排水管线。7 月 3 日下午 3 点 30 分左右，该段工程即将完工，为赶工期，施工单位主管生产副经理带领安全员、技术员、施工队长（劳务包工头）、吊车司机、挖掘机司机及车辆、11 名工人，来到锦园路北段明渠南侧另一施工地点，开始新一段排水管线敷设工作。

来到作业现场后，按生产副经理、现场员、技术员和供水公司有关人员等人事先确定的排水管线路径，生产副经理、现场员和技术员一起确定排水沟槽中线、走向和检查井的位置。技术员指挥 2 名工人用白灰在距西侧道路路边 6.1m 处画了排水沟槽中线，生产副经理要求现场员按放线施工。现场员指挥挖掘机司机从北向南挖排水沟槽，大约 1 小时后，形成了长 13.1m、顶宽约 3.4m、底宽约 1.4m、深 3.5m 的沟槽，挖掘机停止作业。期间生产副经理因为其他事情离开工地，现场员让施工队长安排工人对沟底的地面进行清理后，指挥吊车司机向沟底运送 1 节排水管和 1 个检查井的井底，施工队长安排 5 人到沟底安装排水管和砌筑检查井。17 时 45 分左右，沟槽西侧从北向南突然发生塌方，长 4～5m、宽 40～50cm、深约 3.5m。施工队长在沟槽上方发现塌方立即大喊"塌方了"，其中 1 人听到喊声迅速跑到沟槽的底部南侧，躲过了塌方，坍塌的土方将 3 人埋在深土内，1 人被土埋至胸部。

2. 事故原因

（1）直接原因

生产副经理、现场员、技术员等人查看施工现场情况时，没有注意到距排水沟槽中线 4m 左右的消防水鹤和供水检查井内存有大量积水，造成周围土质饱含水分，土质松散失稳，抗剪切强度降低；排水沟槽西倒槽帮坡度不够，且没有采取防护措施。

（2）间接原因

1）施工单位没有按《给水排水管道工程施工及验收规范》GB 50268—2008 第 3.1.5 条规定（施工单位在开工前应编制施工组织设计，对关键的分项、分部工程应分别编制专项施工方案，施工组织设计、专项施工方案必须按规定程序审批后执行，有变更时要办理变更审批。）的要求制定锦园路北段排水工程专项施工方案及具体的防护措施。

2）施工单位在工程开工前没有向建设行政部门和市道路建设指挥部报告建设工程情况，未按《施工组织设计》（管道定位测量和放线结束后，经建设单位和监理单位等复测合格后，可以进行沟槽开挖）的规定，私自进行挖掘作业。

3）施工单位未对现场作业人员进行专业安全技术培训和教育，导致作业人员不了解、未掌握排水工程安全知识，在作业中缺乏安全意识和自我保护意识。

4）施工单位在施工现场未配备专职安全管理人员，仅让现场员兼任安全员，且该现场员不具备安全管理人员资格，安全管理严重缺位。

5）建设单位作为施工单位上级主管部门，对施工单位日常管理不到位，对施工作业现场没有进行安全检查，造成了安全监管缺失。

6）监理单位富锦公司，派无资质的监理人员到施工单位进行监理工作，且发生事故时监理人员不在现场，安全监理不到位。

3. 事故处理

（1）对事故相关人员的处理意见

1）对施工单位主管生产副经理、施工现场负责人，由司法机关依法追究其刑事责任。

2）对施工单位经理、建设单位副局长和城市道路建设指挥部副指挥，由富锦市纪检监察部门给予行政处分。对施工单位技术员，由施工单位解除劳动合同。

3）对监理单位富锦项目办负责人、派出人员，由监理单位解除劳动关系，并按内部管理规定进行处罚。

（2）对事故单位的处理意见

对施工单位、监理单位，由相关部门给予相应的经济处罚。

3.1.3 案例三 陕西省西咸新区"3·16"土方坍塌事故（2015）

1. 事故简介

2015年3月16日上午9时15分左右，陕西省西咸新区空港新城第一大道新城段（新城中大道至北辰大道）市政工程项目，发生一起土方坍塌较大事故，造成3人死亡、1人轻伤，直接经济损失423.3万元。

陕西省西咸新区空港新城第一大道新城段（新城中大道至北辰大道）属于空港新城市政工程，全长6.05km，红线宽度60m，工程范围包括道路工程、雨水工程、污水工程、交通及照明工程等，于2013年12月开工，计划2015年3月竣工。

发生事故的 YG35 井位于西咸新区空港新城段张镇王村北侧，咸三灌溉支渠南侧。井长 7m、宽 6m、深 20m。采取钢筋混凝土逆作法护壁支护，工作井南北预留洞口尺寸为 3.3m×3.3m，预留洞口上沿距地表 16.7m。

2015 年 2 月 7 日，项目总监在对施工现场巡视过程中，发现 YG35 井预留洞口土质异常，有渗水现象。立即对施工单位下发了监理通知单，主要内容：因沣泾大道—北辰大道 YG35-YG36 井段土质出现异常，要求施工单位根据顶管专项施工方案专家论证意见，暂停该段施工，重新制定方案并组织专家论证，按程序审批后方可施工。接到通知后，施工单位立即对该段停止施工，并于 2015 年 2 月 8 日书面回复监理通知，提出计划在春节后对该段土质探明情况后，制定针对性专项施工方案，并请专家进行论证后再组织施工。当日，监理单位复查，确认该段项目已经停止施工。

因春节临近，施工单位下发了停工通知单，定于 2015 年 2 月 10 日开始工程停工放假，计划于 2015 年 2 月 26 日正式复工。春节过后，2015 年 3 月 7 日，分包单位工人来到项目工地，发现 YG35 井底有积水，在未接到项目开工通知，未向分包单位报告的情况下，就开始抽水作业。在此期间，分包单位现场负责人曾到项目工地巡查，发现有几个陌生人，以为是看工地的工人，未上前询问，便离开工地。

2015 年 3 月 15 日下午，YG35 井底的积水大部分被抽完，当天 17 时左右，项目安全员和施工员到二期工地巡查。发现 YG35 井底有人，正在抽水作业，并发现 1 人未戴安全帽，安全员立即阻止。让这 3 名工人停止作业，返回地面，并警告他们，项目还没有开工，不要再下井。看见 3 名工人开始往上走，安全员和施工员便离开。

2015 年 3 月 16 日早上 7 点半，分包单位工人还没到工地，1 名工人就招呼另外 3 名工人下井继续抽水、清理淤混凝土。9 时左右，清理出淤混凝土 3 斗，这时，突然顶管预留洞口土体发生坍塌，一个稍小的土块将 1 名工人砸倒在一旁，等他回过头，便发现其他 3 人被大片的混凝土土掩埋。

2. 事故原因

（1）直接原因

YG35 井深度大，下部土体的侧压力大，4 层黄土含水量大，呈可塑、饱和状态，黄土本身强度较低，发育垂直节理（裂隙），土地稳定性较差。预留洞口临空面稍大，加之冬灌渗透导致井底出现明水，抽水后水压力释放，导致预留孔壁土体坍塌。

（2）间接原因

分包单位对劳工管理存在漏洞，在项目未正式开工的情况下，工头未向公司报告，擅自安排民工进入工地施工；停工期间施工单位对施工工地安全管理不到位。

3. 事故处理

（1）对事故相关人员的处理意见

1）对民工（实际情况为该项目工头），由司法机关依法追究其刑事责任。

2）对分包单位总经理助理，由咸阳市安全生产监督管理局处以行政处罚。对施工单位安全监督部部长、项目经理、项目副经理、项目部分管生产副经理、安全员，西咸新区空港新城管委会市政建设管理局副局长、工作人员，给予留用察看、记过、警告等行政处分。

3）对分包单位现场负责人，由相关部门对其进行相应的经济处罚，并由相关部门按照《注册建造师管理规定》取消其注册资格，三年内不予注册。

（2）对事故单位的处理意见

1）对分包单位，由咸阳市安全生产监督管理局给予行政处罚，并列入省安全生产监管黑名单。

2）对施工单位，由咸阳市安全生产监督管理局给予行政处罚。

3.1.4　案例四　陕西省延安市"4·29"挡土墙坍塌事故（2015）

1. 事故简介

2015 年 4 月 29 日 15 时 29 分，陕西省延安市双河镇移民搬迁安置小区及公租房挡土墙工程施工现场发生挡土墙较大坍塌生产安全事故，造成 3 人死亡，直接经济损失 351 万元。

2015 年 4 月 29 日 14 时左右，志丹县"双河镇移民搬迁安置小区及公租房挡土墙项目"现场负责人安排 8 名工人在约 8m 高的土堤下方装石头护坡地基。由于土楞比较高，土质不好，现场负责人在土楞畔上负责观察土楞，15 时 29 分，土楞突然开始移动滑坡，现场负责人边跑边喊，叫干活的工人往外跑，当时干活的 5 人跑了出去，剩余 3 人被塌方虚土掩埋。

2. 事故原因

（1）直接原因

1）边坡土体抗剪强度差，受施工时产生振动和过往车辆的影响，被动土挖除后造成边坡土体丧失稳定性，导致土方沿竖向节理面滑塌。

2）施工单位在施工过程未采取有效的支撑或放坡措施，引发土方沿竖向节理面滑塌。

3）施工单位施工过程中安全管理不到位，安全责任未落实。

（2）间接原因

1）监理单位，未对施工组织设计中的安全技术措施、专项施工方案进行审查；对发现的安全事故隐患未及时要求施工单位整改或暂时停止施工，未及时向有关主管部门报告。

2）设计单位，未严格执行基本建设程序，未坚持先勘测、后设计、再施工的原则，未在设计中提出保障施工作业人员安全和预防生产安全事故的措施建议。

3）咨询单位，未严格执行基本建设程序，未坚持先勘察、后设计的原则；未按规定的内容进行审查；未按规定上报审查过程中发现的违法违规行为；已审查的施工图和出具的审查合格书，存在违反法律法规和工程建设强制性标准的问题。

4）建设单位在项目建设前未做地质勘测，直接委托建筑设计；未组织技术交底、图纸会审；未组织基槽验收，在施工中未履行安全管理责任。

3. 事故处理

（1）对事故相关人员的处理意见

1）对现场负责人，由司法机关依法追究其刑事责任。

2）对施工单位法定代表人、项目部经理、项目备案专业工长，监理单位法定代表人、项目备案监理工程师，设计人员、设计文件审定人，咨询单位法定代表人，施工图审查项目负责人、技术负责人、审核人，处以经济处罚。

3）对项目部经理、项目总监、安全负责人、备案安全员，由相关部门吊销执业证书，5 年内不予注册。

4）对设计单位法定代表人兼设计项目负责人，责令停止执业 3 个月。

5）对双河镇副镇长兼项目分管领导、双河镇人大副主席兼工程主要负责人、安全生产工作分管领导、综治办副主任、双河镇干部，给予记过、警告等行政处分。

（2）对事故单位的处理意见

对施工单位、监理单位、设计单位、咨询单位，由相关部门处以相应的经济处罚。

3.1.5　案例五　河南省郑州市"6·12"沟槽坍塌事故（2015）

1. 事故简介

2015 年 6 月 12 日上午 9 时 30 分左右，河南省郑州市郑东新区龙翔二街 DN600 给水管道过东风渠工程项目工地发生一起较大坍塌事故，造成 3 人死亡、1 人受伤，直接经济损失约 465 万元。

2015 年 6 月 9 日，施工进度到达九如东路与东风渠桥口桥北路东侧。按照施工组织计划，9 日上午开始挖沟槽。施工中沟槽未进行放坡，未按照施工组织设计要求把沟槽土堆放到距沟边 1.5m 以外。当天下午沟槽挖好后，劳务队班组长安排工人开始铺设管道，10 日继续铺管道，11 日开始对管道接口处进行焊接，当天下午完成。11 日 7 时 17 分左右，监理员到工地巡查，发现沟槽未按要求进行放坡且沟槽两侧有大量土方堆压，存在严重安全隐患，就向正在沟槽内作业的民工下令停止施工，但未向施工单位项目部和总监及时报告，也未下达停工通知书。11 日 20 时左右，班组长赶到该工地安排工人第二天早上做管道防腐。

6 月 12 日 8 时左右，在施工方、监理方人员都不在施工现场，班组长也未到场进行监护的情况下，分包单位 4 名工人在未采取支护措施的情况下到沟槽内做管道防腐。9 时 30 分左右，沟槽突然发生坍塌，将 4 人掩埋。下午 14 时左右，被埋的 4 名工人全部救出，有 3 名工人当场死亡，1 名工人受伤。

2. 事故原因

（1）直接原因

劳务分包单位未按照《郑州市龙翔二街 DN600 给水管道（过东风渠工程）施工组织设计》组织施工，沟槽开挖未放坡，紧邻沟槽堆土，且高度在 2m 以上，沟槽开挖宽度不符合方案规定，工人下沟槽施工前未对沟槽进行支护。

（2）间接原因

1）劳务分包单位安全生产许可证过期未审；未配备安全管理人员；未对施工工人进行安全教育培训及安全技术交底，从业人员缺乏应有的安全意识和自我保护能力；下沟槽施工前没有安排人员进行监护，施工现场监管缺失。

2）施工总承包单位未严格按照《建设工程安全生产管理条例》等有关法律、法规的要求履行职责，项目部组织机构不健全，未配备专职安全生产管理人员；未对工人进行三级安全教育；对劳务分包单位资质审查把关不严。

3）监理单位未成立监理项目部；现场作业时未旁站监督；监理人员发现重大安全隐患后未及时通知施工、建设单位并下达停工整改通知书，未能按照安全监理实施细则进行监理。

4）建设单位未按照《中华人民共和国建筑法》等有关法律、法规要求认真履行职责。项目开工前未取得《建设工程规划许可证》《建筑工程施工许可证》，导致政府监管缺失。

5）郑州市城市管理局作为行业主管部门，未按照管行业必须管安全的要求，对所属企业办理规划、建设施工手续的督促不到位，对市政工程的监督检查不到位，采取措施不力。

6）郑东新区龙湖办事处有关人员没有认真落实郑州市网格化管理的要求，对辖区建设工程存在的问题发现制止不力，未对辖区安全生产工作实行全覆盖，出事乡村地域的安全工作及违法建设工作无人监管。

3. 事故处理

（1）对事故人员的处理意见

1）对劳务分包单位施工班组长，由司法机关依法追究其刑事责任。

2）对施工单位项目负责人、施工队长，监理单位副经理，建设单位供水工程管理部副主任、科员，建设单位生产安全部主任，郑州市城市管理局公用事业处处长，郑州市郑东新区龙湖办事处党工委委员，给予撤职、留用察看、警告等行政处分。郑州市郑东新区龙湖办事处主任，对此负有领导责任，作出深刻检查。

3）对劳务分包单位施工队负责人、施工单位经理，由郑州市安全生产监督管理局给予相应的行政处罚。

4）对监理单位监理员，由建设行政主管部门撤销其监理员资格证书。

（2）对事故单位的处理意见

1）对劳务分包单位，由郑州市安全生产监督管理局给予其行政处罚。

2）对施工单位，由建设行政主管部门停止其招标投标 60 天。

3）对监理单位，由建设行政主管部门停止其招标投标 90 天。

4）对建设单位，由市城管局对其通报批评。

3.1.6　案例六　新疆天北新区"11·6"土方坍塌事故（2015）

1. 事故简介

2015 年 11 月 6 日 16 时 30 分左右，新疆生产建设兵团第七师天北新区生产基地工艺厂房室外排水管沟开挖清槽过程中，发生管沟壁坍塌，造成 4 人死亡。

2015 年 11 月 6 日 13 时 30 分，项目部技术负责人安排挖掘机进入施工现场，进行 W32-W33 段（位于北大门南侧）管沟挖掘作业。15 时左右，4 名工人进入施工现场，项目部技术负责人安排 4 名工人清理沟底。16 时挖掘机因没油离开挖掘现场，4 名工人随即进入刚开挖的管沟内开始清理作业，16 时 30 分左右，管沟壁突然坍塌，4 名工人被埋，至 19 时 05 分将最后一名工人救出，4 名工人被救出后均无生命体征。

2. 事故原因

（1）直接原因

施工现场勘察实际管沟沟底宽度为 1.3m，上口宽度 1.67m，管沟土方开挖未按施工技术标准和专项方案要求进行放坡和退台，且放坡系数不满足要求，没有及时采取必要的边坡支护；开挖的土方堆放位置距沟边过近，并且堆土高度超高，造成管沟上土层向内挤压，管沟边坡发生坍塌。

（2）间接原因

1）建设单位未履行基本建设程序。未进行工程报备，施工图纸为白图，未经施工图审查，未办理施工许可及质量安全监督手续，施工合同未备案。在工程建设过程中没有组织召开有关工作会议，没有参加有关检查验收，没有履行安全生产责任。工程存在安全隐患施工，未有效制止。

2）施工单位安全管理混乱。企业领导安全意识淡薄，对安全生产重要性认识不到位，没有认真贯彻落实"安全第一、预防为主、综合治理"的安全生产方针，没有牢固树立安全"红线"意识，未将保障职工群众生命财产安全放在首要位置，未履行"一岗双责"安全责任，未对施工项目部进行有效的管理。项目部管理人员职责不清，未履行各自的安全生产责任，未开展隐患排查和整治工作。项目部未落实项目领导安全带班制，未按照设计图纸、施工组织设计和专项方案施工，抢工期，冒险蛮干，违章指挥，违章作业。

3）劳务分包组织混乱。劳务公司只收费不管理，没有对劳务工进行有效管理和安全教育培训，未派相关人员参与现场质量安全管理，以包代管，未履行质量安全责任。

3. 事故处理

（1）对事故人员的处理意见

1）对施工单位项目经理，由相关部门处以相应的经济处罚，司法机关依法追究其刑事责任，建设主管部门吊销其二级建造师资格证书，5年内不得注册。

2）对施工单位该项目技术负责人，给予相应的经济处罚及开除处分，由建设主管部门吊销其二级建造师资格证书，5年内不得注册。

3）对施工单位党支部书记、经理、主管安全生产的副经理，该工程项目安全员、施工技术员、质检员，劳务公司经理，建设单位总经理、项目负责人，建设单位总公司副总经理和总工程师、安全生产部主任，由相关部门处以相应的经济处罚并给予开除、撤职、留用察看、记过、警告等行政处分。对劳务公司劳务队长，由相关部门处以相应的经济处罚。对建设单位总公司党委书记和董事长、总经理，由相关部门处以相应的经济处罚，七师对其通报批评。对天北新区管委会城建局副局长，给予警告处分。

（2）对事故单位的处理意见

1）对施工单位、建设单位、劳务公司，由相关单位给予相应的经济处罚。

2）对建设单位总公司，由兵团建设局在全兵团建筑业通报批评，总公司向第七师党委作出书面检查。

3）对天北新区管委会城建局，由第七师在全师对其进行通报批评。

4）对天北新区管委会，责其向第七师党委作出书面检查。

3.1.7　案例七　江苏省苏州市"11·8"墙体坍塌事故（2015）

1. 事故简介

2015 年 11 月 8 日 14 时 50 分左右，江苏省苏州市吴中经济技术开发区的水岸清华高层二期工程发生地下室防水层保护墙坍塌事故，造成 3 名施工人员死亡，直接经济损失约 278 万元。

2. 事故原因

（1）直接原因

水岸清华高层二期地下室防水层保护墙挑板上方三皮砖被拆除，导致上部墙体失稳坍塌，压到正在附近作业的 3 名施工人员。

（2）间接原因

1）施工单位在项目全面停工整改期间，违法组织与隐患整改无关的施工作业，安排工人违章冒险作业。拆除作业未编制专项施工方案，作业工序未上报监理单位。对作业人员的安全教育培训不到位，技术交底缺失，作业现场安全监管缺失。

2）现场管理人员和作业人员安全意识淡薄，对拆除防水层保护墙墙体的危害性认识不足，在未采取有效防护措施的情况下违章冒险作业。

3）监理单位未按监理规范要求认真履行职责，对项目安全监理不到位，对施工单位在停工期间违规施工并违规拆除防水层保护墙墙体的危险行为，未能及时发现和予以制止。

4）建设单位对施工单位、监理单位的安全生产工作的统一协调、管理不到位。

5）行业监管部门在开具《建设工程施工全部停工整改通知书》后，巡查工作没有落实到位；属地政府落实安全生产属地监管责任不到位。

3. 事故处理

（1）对事故人员的处理意见

1）对施工单位水岸清华二期工程项目经理、现场负责人、施工员、安全员，监理单位水岸清华二期工程土建专监，由司法机关依法追究其刑事责任。

2）对施工单位法定代表人，由苏州市安全生产监督管理局对其处相应的经济处罚。对监理单位总监理工程师，由建设主管部门对其实施行政处罚。

3）对吴中区建设工程安全监督站副站长，给予行政警告处分。

（2）对事故单位的处理意见

1）对施工单位，由苏州市安全生产监督管理局对其实施行政处罚，建设主管部门暂扣其《建筑施工安全生产许可证》2 个月。

2）对监理单位、建设单位，由相关单位给予相应的行政处罚。

3）吴中经济技术开发区管委会，责成向吴中区政府作出书面检查。

4）吴中区住房和城乡建设局，责成向吴中区政府作出书面检查。

3.1.8 案例八 贵州省贵阳市"12·23"堡坎坍塌事故（2015）

1. 事故简介

2015年12月23日11时35分左右，贵州省贵阳市南明区云关乡贵阳铁路枢纽搬迁房赖头冲安置点C11栋与D4栋之间，环境工程的挡土墙基础沟槽开挖清理过程中发生坍塌，造成3人死亡、2人受伤，直接经济损失380余万元。

挡土墙基础沟槽开挖工程为环境工程的一部分，由施工单位贵阳铁路枢纽搬迁房赖头冲安置点项目部于2015年12月23日上午，通过工程联系单的方式报送建设单位和监理单位现场负责人签字确认。2015年12月23日8时左右，施工单位贵阳铁路枢纽搬迁房赖头冲安置点建设工程项目部生产经理电话通知施工员组织人员对C11栋与D4栋之间道路靠C11栋侧老堡坎旁边，进行挡墙基槽开挖和基槽清理。9时30分左右，施工员到达现场通知施工班组长安排工人配合测量放线。11时左右，通知挖掘机进场开挖基槽和劳务单位组织人员准备清理基槽，11时30分左右，基槽开挖了3.5m。劳务单位让施工班组长安排6名工人开始清理基槽，其中5名工人立即下到基槽内进行清理，1名工人因取工具未及时到位。11时35分，基槽靠C11栋侧被混凝土土覆盖的原老堡坎突然坍塌，造成5名工人被埋。

12时10分，3人被找到，确认已死亡；2人被救出，送往市医院进行救治。12时30分事故现场全部清理完毕，确认无其他被埋人员，对坍塌边坡实施反压措施，救援工作结束。

2. 事故原因

（1）直接原因

在堡坎旁边施工，堡坎内排污管道渗水，土质松散，承载力不够，在机械开挖和人工作业扰动下，导致堡坎坍塌。

（2）间接原因

1）施工单位对施工区域地质情况了解不够，安全检查不到位，对原老堡坎的隐患排查不到位，安全防护措施不到位，对施工作业人员安全教育培训不到位，安全技术交底针对性不强。

2）劳务单位安全检查和隐患排查不到位，对劳务人员的安全教育培训和安全技术交底不到位，施工人员的安全意识和对危险因素的辨别意识不强。

3）监理单位对监管的施工工程安全监管不到位，发生较大坍塌事故。

4）属地住建局对该工程的安全监管不到位。

3. 事故处理

（1）对事故人员的处理意见

1）对劳务单位法人兼董事长、工程施工员，施工单位分公司经理、项目部施工员，监理单位分公司经理、现场监理员，由相关单位处以相应的经济处罚。对施工单位分公司项目部经理、分管生产安全经理，给予撤职处分，并处以相应的经济处罚。

2）南明区住建局局长、建管站站长，责成向南明区人民政府作出深刻书面检查。

（2）对事故单位的处理意见

1）对劳务单位、施工单位、监理单位，由相关部门给予相应的经济处罚。

2）南明区住建局，责成其向南明区人民政府作出深刻书面检查。

3.1.9 案例九 贵州省黔南布依族苗族自治州"3·2"挡土墙坍塌事故（2016）

1. 事故简介

2016年3月2日14时40分，贵州省黔南布依族苗族自治州贵州湘企三都物资购销中心项目建筑工地发生一起路基挡土墙坍塌较大事故，造成3人死亡、7人受伤，直接经济损失400万元。

2016年3月2日14时40分，建设单位组织农民工对项目内挡土墙进行加固，在施工过程中发生挡土墙坍塌，10名现场施工人员被坍塌土石方掩埋。至当天16时抢险救援结束，事故造成3人死亡、7人不同程度受伤。

2. 事故原因

（1）直接原因

事故现场位于该项目道路外侧已施工完成的约4m高砖砌挡土墙处，该挡土墙无勘察、未经专项设计、未经审查，由事故单位现场人员直接安排农民工进行施工。墙体下部不足1m高、厚度仅为50cm，上部约3m高、墙厚仅为37cm，加强柱（50cm×50cm）间距10m，间距较大，墙体较高较单薄，挡土墙后为回填土且较深，挡土墙上部为道路，动荷载较大，导致挡土墙不能抵抗回填土侧压力而变形。挡土墙在坍塌前已出现向外倾斜险情，事故单位现场人员在无加固方案、无安全防护措施及无加固措施前提下，盲目安排和指挥农民工对墙体外侧砖砌花坛进行加固，在砖砌花坛过程中墙体突然倒塌，将作业面的农民工掩埋。

（2）间接原因

1）建设单位违法进行建设且拒不执行三都县住建部门多次下达的停止违法

建设的行政指令，在挡土墙已出现险情下仍组织工人冒险施工作业。

2）三都县住建局对违法建设项目"打非治违"不力。三都县住建局虽对该项目多次下达停止违法建设行政指令，但行政执法没有形成闭合，致使该项目违法建设行为长期存在，最终导致事故发生。

3）三都县委、县政府对违法建设项目"打非治违"态度不坚决。在事故发生前，三都县住建局、三都县水务局、三都县政法委已多次将该项目违法建设、违法占用河道、违法拖欠农民工工资、工伤和生产安全事故纠纷等情况上报三都县政府，但三都县政府态度不坚决、措施不力。事故发生后，事故调查组责成三都县政府责令该项目停止违法建设行为，但三都县政府落实不力，在事故调查组多次督促下该项目才停止违法建设。

3. 事故处理

（1）对事故相关人员的处理意见

1）对建设单位法定代表人、项目施工负责人，由司法机关依法追究其刑事责任。

2）对建设单位项目实际控制人，由相关部门对其处以相应的经济处罚。

3）三都县住建局局长、副局长兼执法大队大队长、建筑工程质量安全生产监督管理站站长、三都县人民政府县长，给予其记过、警告等行政处分。

（2）对事故单位的处理意见

对建设单位，由相关部门对其处以相应的经济处罚。

3.1.10 案例十 新疆巴音郭楞蒙古自治州"7·2"排水管沟坍塌事故 （2016）

1. 事故简介

2016 年 7 月 2 日 10 时 48 分，位于新疆巴州和静县老 218 国道与镇农贸市场交汇处的排水工程施工现场，发生一起 3 人死亡、1 人重伤的较大坍塌事故，直接经济损失约 311 万元。

2016 年 6 月 27 日，该工程开始施工。7 月 2 日 10 时 48 分，4 名施工人员在事故现场管沟底部进行排水管安装作业，在进行管口对接作业时，管沟侧壁突然坍塌致使 4 名作业人员被埋。

2. 事故原因

（1）直接原因

事发现场开挖土方自然地面以下 2m 为二次开挖，土质疏松，管沟开挖最深处约 6.32m，上口宽度约 4.5m，底部宽度约 1.5m。管沟两侧均为开挖的堆土，堆土高度约 2m。管沟开挖采用纯机械挖土、堆土，现场未见分层、退台、放坡、支护等技术处理，未按照住建部《危险性较大分部分项工程管理办法》要求，编制该项工程安全专项施工方案；机械开挖排水管沟深度达 6.32m 的情况下边坡未采取放坡、支护等防护措施和技术处理，施工作业区域过于狭窄（管沟宽度1.5m），且采用挖掘机进行吊装作业，改变了坍塌一侧承重，致使施工人员在沟底拓宽作业区域施工时，管沟侧壁突然发生坍塌，管沟内 4 名安装人员瞬间被埋。

（2）间接原因

1）和静县巴润哈尔莫敦镇党委、政府未有效落实安全生产责任制，对辖区内建设项目监管不到位，未完成办理相关手续，未履行对该工程施工安全监管。施工前建设单位、施工方均未向建设行政主管部门备案，建设单位未与施工单位签订安全生产协议。

2）违反《建筑工程安全生产管理条例》的相关规定。承揽该段工程后，在未向施工单位告知、办理相关施工手续的情况下，施工方开展施工作业；施工人员违章作业；在作业现场未划定危险区域，未设置警戒线、放坡等安全设施和安全警示标志；未派专人进行监管。

3）和静县住建局在工程建设领域安全生产"打非治违"专项行动不具体，对建筑工地的违法问题查处不力。

4）和静县人民政府对安全生产工作重视不够，落实安全生产责任制不力，对巴润哈尔莫敦镇政府及住建部门安全生产工作督查不具体。

3. 事故处理

（1）对事故相关人员的处理意见

1）对现场施工负责人，由司法机关依法追究其刑事责任。

2）对现场施工技术员，由企业按照内部管理规定给予处理。

3）对和静县巴润哈尔莫墩镇党委副书记、党委委员兼副镇长，给予行政记过处分。对和静县住建局局长，给予通报。对和静县人民政府分管安全生产工作副县长，责令其向县人民政府作出书面检查。

（2）对事故单位的处理意见

1）对和静县人民政府，责令其向巴州人民政府作出深刻检查，并抄报自治区安监局、自治区住建厅。

2）对巴润哈尔莫敦镇、县住建局，由和静县人民政府在全县范围内通报批评。

3）和静县住建局，责令其立即开展对建筑领域的大检查，对存在法定基本建设程序不全的建设项目，一律停止施工，坚决杜绝"先上车、后买票"，避免发生事故责任主体无法落实。

4）对施工单位，由州住建局对建筑领域违法违规行为进行清理整顿，对其按照相关法律法规给予处理。

3.1.11 案例十一 河北省石家庄市"8·7"基坑坍塌事故（2016）

1. 事故简介

2016 年 8 月 7 日 15 时，河北省石家庄市西柏坡电厂废热利用入市穿越石太高速（田家庄互通）项目箱涵顶出面施工现场发生基坑侧壁坍塌事故，造成 3 人死亡、1 人受伤，直接经济损失约 350 万元。

2016 年 8 月 5 日 15 时许，分包单位施工人员对事故基坑进行开挖，第一步开挖至 5m 深，并于当晚完成；6 日晚，对修整后的南侧坡面喷射护面混凝土，并开始第二步开挖，至 7 日晨开挖至 9m 深；7 日上午，4 名工人开始搭设架体，进行土钉作业。分别在 3.8m、5m 深处完成两道钻孔、植入杆体并完成注浆作业，然后完成横向加强筋的焊接。12 时开始第三步土方开挖，至 14 时 50 分，护坡工人进入坑内进行挂网作业，15 时开挖至 11.2m 深。15 时 20 分许，基坑侧壁坍塌，致使坑内的 5 名作业人员被埋，其中 3 人死亡，1 人送医院进行救治，1 人未受伤。

2. 事故原因

（1）直接原因

施工过程中，基坑因违规超挖和未及时支护，造成侧壁坍塌，作业人员被埋致死。

（2）间接原因

1）施工单位违反《危险性较大分部分项工程安全管理办法》第 5.17 节第 1 条①的规定，未对基坑支护工程编制专项施工方案；未进行专家论证；未制定和落实施工应急救援预案等安全保证措施；未按规定对支护施工进行专项验收，盲目施工。

2）施工单位基坑超挖后，土钉孔径偏小，杆体强度及钉头拉结强度不足，面层配筋量偏小、厚度不够；在灌浆混凝土强度未达到规范要求情况下，进行下一道工序施工，间隔时间短，施工组织安排不合理。违反了《建筑基坑支护技术规程》第 3.7.1、4.7.4-1 条第②款，《建筑深基坑工程施工安全技术规范》第 5.1.1、5.1.3、5.1.4、5.6.1、6.2.1-1、6.2.1-2 和 6.2.1-3 条第①款以及《建筑基坑工程监测技术规范》第 5.2.7 条第②款的规定。

3）施工单位违反《建设工程安全管理条例》第 62 条第 2 项第③款的规定，现场人员（项目部负责人、施工现场技术负责人、安全管理人员及特种作业人员）未取得相应资格上岗。施工作业前工程技术人员未按规定对施工作业人员开展班组安全技术交底；未落实安全施工技术措施。

4）未对现场作业人员进行安全生产教育和培训，致其不能有效辨识作业场所和工作岗位存在的危险因素。

5）施工单位顶出面作业平台搭设违反《建筑施工高处作业安全技术规范》第 5.1.1、5.1.3 条第①款的规定，不能满足安全施工的需要。

6）施工单位违反《建筑施工安全技术统一规范》第 7.1 条第②款的规定，对 I 级基坑未采用监测预警技术进行全过程监测控制。

7）基坑南侧紧邻石太高速，高速车辆动荷载对基坑侧壁稳定性有一定影响；事故发生前，石家庄市连降暴雨，降水入渗导致基坑侧壁土体含水量偏高、强度降低，对基坑边坡的稳定性有一定影响。

8）建设单位违反《中华人民共和国建筑法》第 8 条第 4、5、6 项第③款的规定，未按照《关于利用石闫线敷设供热管线及穿越 G5、G1811 等干线公路交叉方案的意见》（冀交函规［2015］692 号）要求选择监理单位和施工单位；在未完成勘察和施工设计图审、未签订工程承包合同、未审查现场施工单位及人员的资质资格、未进行专家专项论证和未取得有管辖权的公路管理机构行政许可的情况下，违规开工建设。

9）新华区住建局及新华区政府没有认真落实石家庄市政府对该项目的有关要求，疏于管理。

10）石家庄市供热指挥部办公室及石家庄市住建局没有认真履行对该项目的安全监督管理职责，疏于管理。

3. 事故处理

（1）对事故相关人员的处理意见

1）对分包单位法定代表人，由司法机关依法追究其刑事责任，并由相关部门处以相应的经济处罚。对分包单位项目现场负责人，鉴于其已在事故中死亡，不再追究相关责任。

2）对石家庄市新华区住建局副局长，由相关部门给予行政警告处分。对新华区副区长、新华区住建局局长及副调研员、安全生产监督管理站站长和供热指挥部办公室副主任，给予其批评教育并报石家庄市安全监管局备案。

3）对建设单位项目现场负责人、技术负责人，由建设单位将其清退出该施工项目。对建设单位安全副总、生产副总，由相关部门处以相应的经济处罚，并给予撤职处分。对建设单位法定代表人，由相关部门处以相应的经济处罚。

（2）对事故单位的处理意见

1）对分包单位，由石家庄市安全监管局对其处以相应的经济处罚，并暂扣其安全生产许可证 65 天。

2）对建设单位，由石家庄市安全监管局对其处以相应的经济处罚。

3）石家庄市新华区住建局，责令其向石家庄市新华区人民政府作出深刻书面检讨。

4）石家庄市住建局，责令其向石家庄市人民政府作出深刻书面检讨。

3.1.12 案例十二 贵州省六盘水市"11·7"隧道坍塌事故（2016）

1. 事故简介

2016年11月7日5时30分，位于贵州省六盘水市水城县大河经济开发区的鱼塘西路隧道工程在开挖过程中发生局部坍塌事故，造成3名施工人员死亡、2人受伤，直接经济损失约550万元。

2016年11月6日19时00分，鱼塘西路项目施工员与负责夜班的现场班组长交接班，口头告知"隧道上台阶岩层有变化，存在破碎岩层"，而后开挖班开始打眼。于22时25分，进行隧道左洞ZK0＋892上台阶爆破。

11月7日凌晨2时20分完成出碴，洞身开挖工序结束，现场班组长安排下一班组来到现场准备施工，并通过对讲机向施工员汇报现场情况。2时40分左右，两名工人至现场进行人工排险，3时00分完成排险。

3时10分，6名工人开始实施立钢拱架作业，准备完成共三架拱架的拱架立拱焊接作业。其中4人在台架上立拱顶，左右各1人在拱脚处作业。

5时30分，在进行到第3顶钢拱架安装，焊接钢拱架连接钢筋及钢筋网片时，上台阶掌子面正拱顶岩石突然跨落，破坏第一、第二拱架顶架后砸中在操作台架上实施焊接作业的4名工人，致操作台3名工人当场死亡，1名工人受伤，以及操作台架下1名施工工人受伤。

2. 事故原因

（1）直接原因

施工上台阶掌子面进尺设计要求为1.2m，实际已超过2.4m，且未按设计要求的Vb级围岩开挖；超前小导管数量少于设计数量；爆破开挖后未按照设计规范要求进行初喷。

（2）间接原因

1）分包单位管理混乱。安全生产主体责任落实不到位，安全措施不完善，现场安全管理缺失，明知所编制的《鱼塘隧道安全专项方案》未经专家论证仍继续组织施工。

2）施工总承包单位管理不到位。安全生产主体责任落实不到位，组织机构不健全，项目经理、技术负责人长期缺位，未及时对《鱼塘隧道安全专项方案》进行专家论证，对分包单位违规施工行为管理不到位。

3）监理单位未严格履行安全监理职责。监理单位对施工单位无施工许可、施工图且未经审核同意即开展施工作业的行为未采取有效措施予以制止；在明知施工单位编制的隧道工程专项施工方案未组织专家论证和履行审批程序的情况下，未给予停工整改要求。

4）咨询单位未严格按照规定开展专项超前地质预报工作。根据公司提交的超前地质预报报告，11月3日施工的隧道桩号为 ZK0＋860-ZK0＋890，而实际已施工到 ZK0＋884，提供的报告与施工现场的实际隧道桩号情况严重不符。

5）建设单位不履职。作为建设单位，未按《安全生产法》的相关规定履行企业安全生产主体责任，开展安全生产管理的相关工作。

6）六盘水市大河经济开发区住房城乡建设局行业监管不到位。作为行业监管部门，监管主体责任落实不到位，且在该项目未取得施工许可、设计图未经审核即开工建设的情况下，没有切实加强监管，以致该项目违规行为长期存在。

7）六盘水市大河经济开发区管委会属地监管责任落实不到位。对辖区建设施工领域安全生产工作重视程度不足，安全工作部署不到位，以致该项目事故隐患未得到有效消除。

3. 事故处理

（1）对事故相关人员的处理意见

1）对分包单位现场带班班组长、项目经理，由司法机关依法追究其刑事责任。

2）对分包单位鱼塘西路项目现场安全员、施工总承包单位鱼塘西路项目经理和项目专职安全员、咨询公司驻该项目监控量测和超前预报负责人、监理单位鱼塘西路监理项目部总监，由六盘水市住房和城乡建设局对其进行行政处罚并记不良记录12个月。对施工总承包单位六盘水区域工程总监，由六盘水市住房和城乡建设局对其进行行政处罚。

3）对六盘水大河经济开发区管委会住房城乡建设局常务副局长、工作人员兼驻此项目的甲方代表及建设单位法人代表兼总经理，给予记过、警告等行政处分。

（2）对事故单位的处理意见

1）对分包单位、监理单位、咨询公司，由六盘水市安全生产监督管理局对其处以行政处罚。

2）对施工总承包单位，由六盘水市安全生产监督管理局对其处以相应的经济处罚。

3）对六盘水大河经济开发区管委会，由六盘水市人民政府对其进行全市通报批评。

3.1.13 案例十三 福建省长乐市"11·18"污水管网沉井倾斜事故（2016）

1. 事故简介

2016年11月18日17时，位于福建省长乐市鹤上镇的长乐市潭头污水处理厂厂外管网（污水主干网部分）—鹤上镇至金峰1号泵站段工程，39号沉井在施工过程中突然发生倾斜，土方坍塌，造成3人死亡。

2016年11月18日13时，潭头污水管网工程项目部沉井班组长打电话给现场负责人，说39号沉井用挖掘机挖空沉井中间的混凝土后，沉井仍然无法自然下沉。15时，现场负责人带着2人来到39号沉井工地，查看现场后，决定使用人工挖掘助沉，在没有看过《污水顶管专项施工方案》，也没有通知潭头污水管网工程项目部和监理部的情况下，让2人携带锄头、洋镐坐在挖掘机司机操作的挖掘机挖斗上，下降到约6m深的沉井下方，要求他们使用工具将沉井下方南北向的土层挖掉。过了几分钟现场负责人离开现场。16时许，现场负责人让其他2人也来到39号沉井工地下井挖掘。4人均未经过安全教育和安全技术交底，4人在39号工作井下现场作业时也没有管理人员、监理人员在场巡视或旁站。17时许，挖掘机司机准备离开施工现场，其中2人就让其放下挖掘机挖斗将他们接回地面。在等待过程中，39号沉井北侧土层坍塌，混凝土压住1人腰部，同时沉井倾斜，造成南侧土层坍塌，大片混凝土把2人掩埋，1人立即顺着倾斜的沉井筒壁爬到地面，其他3人均已被土方掩埋。当晚21时许，被土方掩埋的3名工人均已找到，经抢救无效死亡。

2. 事故原因

（1）直接原因

潭头污水管网工程现场负责人未按照《污水顶管专项施工方案》施工。违章指挥未经过安全教育和安全技术交底的4名工人到沉井底部施工，由于工人违章操作，导致沉井突沉、倾斜后坍塌的土方将3名工人掩埋致死。

（2）间接原因

1）施工单位企业未落实安全生产主体责任，项目管理失控，施工现场管理混乱，备案的项目经理、施工员、安全员等管理人员时常不在岗履职；雇佣无资质人员在现场管理，主导施工；潭头污水管网工程项目部未对39号沉井挖掘作业人员进行安全技术交底和安全教育，施工管理人员和安全管理人员未到场监督管理。

2）监理单位未认真履行项目监理职责，项目监理工作失察失管，备案的项目总监等监理人员时常不在岗履职；对施工单位项目部备案人员时常不在岗履职、施工现场《污水顶管专项施工方案》未交底、作业人员未接受安全培训教育等违规行为监督检查不到位。

3）建设单位督促并指导施工单位、监理单位履行安全生产职责不力，未及时发现施工单位、监理单位备案人员时常不在岗履职的违规行为。

4）长乐市建设行政主管部门对潭头污水管网工程日常安全监管不到位，对发现的施工、监理人员不在岗履职隐患督促整改不到位。

5）长乐市鹤上镇政府对辖区内建设工地日常安全监管不到位。

3. 事故处理

（1）对事故相关人员的处理意见

1）对项目部现场负责人，由司法机关依法追究其刑事责任。

2）对项目部沉井班组长、挖掘机司机，建设单位现场代表，由相关单位给予处理。对项目部经理、项目备案安全员，监理单位总监理工程师、监理员兼安全员，由建设行政主管部门按有关规定给予处理。对施工单位总经理、监理单位法定代表人，由安监部门依法进行行政处罚。

3）对长乐市城市排水设施管理站站长兼潭头污水办副主任、安全站副站长兼第二组组长，由纪检监察部门进行处理。长乐市住建局副局长、安全站站长、质监站副站长兼第一组组长，由相关部门给予通报批评。

（2）对事故单位的处理意见

1）对施工单位、监理单位，由安监部门依法对其进行行政处罚并由建设行政主管部门按有关规定给予处理。

2）对建设单位、长乐市住建局、长乐市鹤上镇人民政府，由长乐市人民政府给予通报批评。

3.1.14　案例十四　甘肃省天水市"2·20"基坑坍塌事故（2017）

1. 事故简介

2017 年 2 月 20 日 11 时 45 分，甘肃省天水市秦州区污水管网工程发生一起基坑坍塌事故，造成 4 名施工人员死亡，直接经济损失约 405.42 万元。

2017 年 2 月 5 日，施工单位经理指派副经理为该项目前期准备工作负责人；2 月 9 日，项目负责人、施工员、材料员、后勤人员，组织施工前期准备工作。2 月 18 日，组织 3 台挖掘机（一台机械故障）、6 名普工配合挖掘机处理边坡及清底。

2 月 19 日上午，施工单位副经理决定工程开挖，施工员派 2 台挖掘机先挖路基和稳定土。下午挖掘机司机按照施工员确定的放线尺寸（长 20m，下口 2.4m、深度 7.5m）进行沟槽开挖，另外一台挖掘机在基槽南边向外转土，对每台挖掘机各派普工 2 人，配合挖掘机工作。2 月 20 日上午，继续进行沟槽开挖，待沟槽挖至长约 15m、下口 2.4m、深度 7.5m 时，大约 11：40 分，挖掘机停止工作，3 名普工进入沟槽清理边坡及槽底余土。11：45 分左右，沟槽南边坡突然坍塌，并将在坡顶站立的 2 人带入沟槽，其中 1 人由挖掘机救出，另 1 人头撞在北面沟槽，随后被大块土方埋压，共有 4 人被坍塌土方掩埋。

2. 事故原因

（1）直接原因

基槽边坡放坡不够，未采取支护措施，现场人员违章指挥、违章作业。

（2）间接原因

1）工程开挖准备工作不充分，安全专项方案、技术方案未经审批就开工。

2）施工单位未认真落实企业安全生产主体责任，且安全生产、技术质量制度落实不严格，内部管理不规范，施工现场管理存在"三违"行为。

3）监理单位不认真贯彻落实国家法律法规政策，对施工单位疏于管理。对未报审安全技术措施和施工方案的擅自施工行为，未及时下达工程暂停令，并将情况以书面形式报告给建设单位。

4）建设单位对项目建设疏于监督、管理，对建设过程管控不严，对开挖过程中存在的安全隐患和问题失察。

5）秦州区政府不正确履行属地监管职责。

3. 事故处理

（1）对事故相关人员的处理意见

1）对施工单位副经理兼项目负责人、施工现场施工员，由司法机关依法追究其刑事责任。

2）对施工单位工会主席兼党委常委、市政经理、安全生产部部长、技术质量部部长，给予其记过、警告等行政处分。对施工单位董事长，给予行政警告处分及相应的经济处罚。对市住建局副局长、建设单位项目科科长，给予记过、警告等行政处分。

3）对项目监理工程师，责令其停止执业 10 个月。对项目监理人员，处监理工程师培训合格证停业一年。

（2）对事故单位的处理意见

1）对施工单位、监理单位，由相关部门处以相应的经济处罚。

2）市住建局，责令其向市委、市政府作出书面检查。

3）秦州区政府，责令其向市政府作出书面检查。

4）秦州区住建局，责令其向秦州区政府作出书面检查。

3.1.15　案例十五　重庆市江北区"3·28"边坡坍塌事故（2017）

1. 事故简介

2017 年 3 月 28 日，位于重庆市江北区石子山的中小学建设工程在施工过程中发生一起较大坍塌生产安全责任事故，造成 3 人死亡，3 人受伤。

2017 年 3 月 28 日，重庆市江北区石子山中小学建设工程在西侧 B～C 段进行边坡刷坡施工作业。下午 6 时 10 分许，在刷坡作业实施过程中，B～C 段边坡局部发生垮塌，导致 6 名作业人员随所拴安全带一道冲坠至边坡底部，事故造成 3 人死亡、3 人受伤。

2. 事故原因

（1）直接原因

江北区石子山中小学建设工程项目岩质边坡存在不利裂隙，施工单位违反设计及已审批的施工方案要求，一次开挖高度过高，开挖长度过长，未及时对边坡进行支护，导致裂隙切割形成的楔形岩体在自重作用下，沿外倾裂隙面坍塌。

事故发生的边坡位置存在两组裂隙。在边坡刷坡过程中，开挖高度达到 6.2m，台阶宽 2m 时，开挖面与两条裂隙相交，形成楔形岩体，并形成了临空面（支撑的岩体被挖除）。该楔形岩体在自重作用下，沿外倾裂隙面发生滑塌。另外，施工单位违规在坡顶安放空压机以及连续降雨对事故发生也有一定诱导作用。

（2）间接原因

1）施工单位企业主体责任落实不到位，主要表现为：

① 未按照专家论证的施工方案和设计要求组织施工。施工现场一次开挖高度和长度超标，未及时进行施工边坡支护，施工现场坡顶未设置截水沟。现场第一次刷坡高度达 6.2m，开挖长度 92m，并未进行边坡支护结构施工（当边坡开挖高度为 6.2m 时，竖向应实施 3 排锚杆，但现场并未见锚杆实物）。不符合设计要求，也不符合施工方案要求。根据设计文件要求：岩层部分每段开挖长度不大于 10.0m，每次开挖深度不大于 3.0m；上一层支护结构施工完成，强度达到设计要求后，再进行下一层开挖。施工方案要求：石质边坡一次性开挖不高于 3m。根据设计文件和施工方案，坡顶应设置排水沟。

② 事故隐患排查不到位，未采取有效的技术和管理措施消除事故隐患；边坡坡顶位置安装了一台空压机，根据施工交底要求，不得在坡顶（2m 范围）设置机械设备。

③ 教育督促从业人员严格执行公司的安全生产规章制度和安全操作规程不力，未如实告知从业人员高边坡作业存在的危险因素、防范措施及事故应急措

施。工人未按照安全技术交底的要求进行施工作业。

④ 安全教育培训不到位，未对工人进行考核考试就安排其上岗作业。

2）监理单位监理不到位。监理单位巡查过程中发现施工单位违反专项方案和设计要求施工，未进行及时有效的制止，并及时报告属地建设主管部门。

3）建设单位履职不到位。施工单位项目经理长时间不在项目部工作，一直未参加监理例会，建设单位未及时要求施工单位立即更换项目经理；建设单位项目管理过程中发现施工单位违反专项方案和设计要求施工，未进行及时有效的制止。

4）重庆市江北区建设工程安全管理站未及时进行行业安全监管。

3. 事故处理

（1）对事故相关人员的处理意见

1）对施工单位建设工程项目副经理、技术负责人，由司法机关依法追究其刑事责任。

2）对施工单位建设工程项目经理、监理单位工程总监理工程师，由相关部门实施相应的行政处罚。

3）对建设单位建设工程项目经理、现场代表，重庆市江北区建设工程安全管理站监督二室负责人，给予其行政警告处分。对重庆市江北区建设工程安全管理站站长，责令其作出书面检查。

（2）对事故单位的处理意见

1）对施工单位、监理单位，由相关部门处以相应的行政处罚。

2）重庆市江北区城乡建委，责令其向重庆市江北区政府作出书面检查。

3.1.16　案例十六　山东省淄博市"6·19"沟槽坍塌事故（2017）

1. 事故简介

2017 年 6 月 19 日 19 时 35 分，山东省淄博市位于 309 国道与原山大道路口东 200m 处的昌国路雨污水管道市政工程在施工沟槽时，发生一起坍塌事故，造成 5 人死亡，直接经济损失约 500 万元。

2017 年 6 月 16 日，工程负责人联合施工负责人、技术负责人雇佣务工人员组成施工队，对 4S 店门前长 130m 的沟槽采用机械挖掘。施工时挖断一条横穿沟槽的供水管道（PE 管，直径 110mm），施工队因修复漏水管道停工。6 月 17日，又因村民阻止而停工，直到 6 月 18 日下午，经与村民协商同意后，于 21 时沟槽挖掘完毕。沟槽北侧接近垂直开挖，南侧有适当放坡，沟槽北侧深 5.3～5.8m，南侧深 4.7m，下口宽约 3.5m，上口宽约 5.2m，未采取支护措施，沟槽施工完毕后，在沟槽底部铺设混凝土垫层。

6月19日，施工负责人从劳务中介公司雇佣5名务工人员，由施工负责人、技术负责人组织他们在沟槽内砌砖石结构雨水方沟，雨水方沟宽1.8m，高1.4～1.8m，监理单位监理工程师负责现场监理。19时30分，雨水方沟完工，但未在砖墙顶部盖混凝土盖板。现场监理工程师看到工程基本结束，就离开了施工现场，5名施工人员收拾工具准备撤离工地。19时35分，沟槽北侧位于沟槽内供水管道两侧的坑壁突然坍塌，坍塌总长15m，塌方造成沟槽内的5名施工人员被埋，事故发生。至21日，5名被埋人员陆续在事故现场被找到，经确认均已死亡。

2. 事故原因

（1）直接原因

施工人员非法承揽工程，且违法组织施工。沟槽北侧坑壁已近乎直立，但仍未采取任何支护措施，导致沟槽北侧土层发生局部楔形剪切破坏。

（2）间接原因

1）施工单位主体责任不落实，违法转包工程。雨污水工程中标后，将工程转包给无资质的自然人；不仅没有履行工程管理责任，且未加强施工现场指导，以包代管。

2）施工方非法承揽工程，违法组织施工，安全管理混乱，严重违法违规。从业人员无资格证书、无资质承揽工程，未设置安全管理人员，未落实安全培训教育和安全技术交底，未按施工方案采取放坡、支护等防护措施，冒险施工作业。

3）监理单位未落实安全监理责任，对雨污水管道工程疏于监理，对违法违规行为和安全隐患制止不力。未审查施工人员资格，发现施工单位未按要求进行放坡、支护等违法施工行为，未下达监理安全整改通知书，责令其停止施工，也未向行政主管部门报告违法施工行为。

4）建设单位未履行建设单位管理责任。事故段工程未向主管部门备案，未审查外来施工人员资格，对施工单位未按要求进行放坡、支护等违法施工行为，未责令其停止施工。

5）市政环卫处履行监管责任不到位。未及时发现雨污水管线工程违法施工并采取管理措施。

3. 事故处理

（1）对事故相关人员的处理意见

1）对雨污水管道工程项目经理、负责人、监理总工程师、施工负责人、技术负责人、现场监理人员，由司法机关依法追究其刑事责任。对施工单位负责人，由司法机关依法追究其刑事责任，并由相关部门处以相应的经济处罚。

2）对监理单位主要负责人，由相关部门处以相应的经济处罚。

3）对建设单位办公室副主任、市政组组长、市政环卫处质量安全监督站副站长、市规划设计院设计员，给予降级、记过、警告等行政处分。

4）对淄博市市政环卫处处长，责令其向市住房城乡建设局作出深刻检查。对建设单位办公室主任，责令其向市政府作出深刻检查。

（2）对事故单位的处理意见

1）对施工单位、监理单位，由相关部门处以相应的经济处罚。

2）建设单位，责令其向市委、市政府作出深刻检查。

3）市住房城乡建设局，责令其向市委、市政府作出深刻检查。

3.2　事故发生特点及规律

随着城市建设的快速发展，城市建设用地资源越来越紧张，工程建设中基坑分部分项工程的数量越来越多，基坑开挖深度和规模也越来越大，特别是在工程地质条件、水文地质条件、周边环境条件复杂地区，基坑施工的难度大大增加。诚然，基坑工程水平在我国有了较大的提高，但也不乏失败的案例，轻者造成地面开裂、邻近建筑物倾斜等，重者造成人员伤亡及严重的社会影响。通过对2014年4月~2017年6月全国范围16起较大坍塌事故调查报告的研究发现，坍塌事故类型主要为基坑坍塌、边坡坍塌、挡土墙坍塌和市政管沟沟槽坍塌等。其中市政管沟沟槽坍塌事故有8起，占比最大为50%，其主要原因是市政管沟沟槽施工工期短、沟槽开挖较浅，得不到应有的重视，而且，市政管沟通常不进行沟槽的勘察和围护设计，对周边环境影响因素等调查不够全面就进行施工，在施工过程中往往由于地下管线的渗漏、沟槽边坡土质较差，再加上沟槽施工过程中不重视沟槽坡顶荷载的限制，如坡顶堆土、车辆荷载等，进一步加剧了沟槽坍塌的可能。调查还发现，各类坍塌事故在施工过程中很少进行基坑的监测，不能及时发现基坑位移变形及应力变化情况，再加上施工现场管理松懈、各方监管不到位等，最终导致坍塌事故的发生。

3.3　事故原因分析

3.3.1　施工安全技术问题

基坑专项施工方案是指导基坑工程施工作业的重要文件，根据统计的16起基坑坍塌事故，未编制专项施工方案的约占25%，无设计或设计不合理的约占

25%，方案未论证的约占 25%，对场地环境条件了解不清楚的约占 25%。基坑施工方案的合理性、适用性，设计参数选择的正确性，安全储备的大小等均对基坑安全有深远的影响，施工单位在基坑施工中若不加强对施工方案的重视，随意更改设计，将会给基坑安全带来很大的隐患，甚至直接导致基坑事故的发生。本书选取的 16 起基坑施工坍塌事故案例，由于基坑施工无设计、设计不合理导致事故发生的案例有 4 起。如新疆乌鲁木齐市"5·30"基坑边坡坍塌事故中，岩土工程设计方案未根据专家评审意见整改，基坑支护工程的设计不符合相关基坑支护规范要求；陕西省延安市"4·29"挡土墙坍塌事故中，未严格执行基本建设程序，未坚持先勘测、后设计、再施工的原则，未在设计中提出保障施工作业人员安全和预防生产安全事故的措施建议；贵州省黔南布依族苗族自治州"3·2"挡土墙坍塌事故中，挡土墙无勘察、未经专项设计、未经审查；新疆天北新区"11·6"土方坍塌事故中，施工图纸为白图，未经施工图审查。

基坑开挖过程中，违反技术规范要求也是造成事故发生的重要原因。如基坑开挖过程中，挖土进度过快、开挖分层过大、超深开挖；未按要求进行放坡、退台，放坡系数不满足要求；基坑挖到设计标高后未及时封底、暴露时间过长等。另外，在基础施工前，若基坑未按设计要求支护到位、盲目抢工，将直接影响到基坑的安全，为基础施工埋下安全隐患。本次介绍的 16 起基坑施工坍塌事故案例中，由于基坑支护不到位造成事故发生的案例有 7 起。如新疆天北新区"11·6"土方坍塌事故中，管沟土方开挖未按施工技术标准和专项方案要求进行放坡和退台，在放坡系数不满足要求时，没有及时采取必要的边坡支护，开挖的土方堆放位置距沟边过近，并且堆土高度超高，造成管沟坡上土体向沟内挤压，导致管沟边坡发生坍塌；河南省郑州市"6·12"沟槽坍塌事故中，未按照施工组织设计组织施工，沟槽开挖未放坡，紧邻沟槽堆土，且高度 2m 以上，沟槽开挖宽度不符合方案规定，工人下沟槽施工前未对沟槽进行支护，导致事故发生等。

3.3.2　施工安全管理原因分析

1. 建设单位方面

建设单位未严格审查和优选勘察、设计、施工单位，任意发包建设工程，不办理报建审批手续，针对设计方案、施工方案、监测方案不进行论证就开始设计、施工等。如：新疆乌鲁木齐市"5·30"基坑边坡坍塌事故中，建设单位在未办理工程基建手续（建设用地批准书、工程规划许可证、招标投标手续、质量监督手续、施工许可手续），施工现场基坑北侧管道、窨井有渗漏水影响，在相关单位多次要求停止施工的情况下，逃避监管，违法组织施工，冒险进行施工作业；新疆天北新区"11·6"土方坍塌事故，建设单位未履行基本建设程序，未进行工程报备，施工图纸为白图，未经施工图审查，未办理施工许可及质量安全监督，施工合同未备案。

2. 工程勘察方面

基坑工程对区域工程地质勘察的重视程度不够，在对区域地质情况和环境条件了解不清楚的条件下，直接委托建筑设计单位进行基坑支护的设计。如：陕西省延安市"4·29"挡土墙坍塌事故中，建设单位在项目建设前未做地质勘察，直接委托建筑设计；贵州省贵阳市"12·23"堡坎坍塌事故中，对施工区域地质情况了解不够，安全检查不到位，对原老堡坎的隐患排查不到位，安全防护措施不到位，对施工作业人员安全教育培训不到位，安全技术交底针对性不强。

3. 设计单位方面

有些工程项目，设计单位没有严格执行基本建设程序，未坚持先勘测、后设计、再施工的原则，在设计中没有提出保障施工作业人员安全和预防生产安全事故措施的建议。如：陕西省延安市"4·29"挡土墙坍塌事故中，设计单位未严格执行基本建设程序进行设计。

4. 施工单位方面

施工单位现场管理混乱，部分项目安全管理人员长期缺岗，甚至现场安全管理人员缺乏相应资格，部分项目负责人员未按规定开展对作业人员的安全教育和安全技术交底，或安全教育培训和安全交底流于形式、没有针对性。如：黑龙江省富锦市"7·3"沟槽坍塌事故中，施工单位未对现场作业人员进行专业安全技术培训和教育，致使作业人员不了解及掌握排水工程安全知识，在作业中缺乏安全意识和自我保护意识，导致事故的发生。

5. 劳务分包单位方面

劳务分包单位组织混乱，以包代管，未履行质量安全责任，对劳工管理存在漏洞，安全管理意识不强；如：新疆天北新区"11·6"土方坍塌事故中，劳务分包组织混乱，以包代管，未履行质量安全责任，劳务公司只收费不管理，没有对劳工进行有效管理和安全教育培训，未派相关人员参与现场质量安全管理。

6. 工程监理方面

监理单位未严格履行安全监理职责，未派有资质的人员进行监理工作；监理人员责任心不强、工作不积极主动、操作不规范；对施工单位严重的错误行为不制止；监理工作仅仅停留在施工阶段；有时监理人员容易受建设单位的影响，不能实有有效监理，容易走形式。如：黑龙江省富锦市"7·3"沟槽坍塌事故中，监理单位富锦项目办，派没有资质的监理人员到施工单位进行监理工作，发生事故时监理人员没有在现场，安全监理不到位；贵州省六盘水市"11·7"隧道坍塌事故中，监理单位未严格履行安全监理职责，监理单位对施工单位无施工许可、施工图未经审核同意即开展施工作业的行为未采取有效措施予以制止；在明知施工单位编制的隧道工程专项施工方案未组织专家论证和未履行审批程序的情况下没有给予停工整改要求。

7. 工程监测方面

有的工程为了节约成本，基坑施工没有安排施工监测，或不合理削减监测内容，从而使监测工作流于形式，不能真正反映实际情况；有些项目监测数据不能及时反馈，导致未及时发现和判断基坑隐情，从而造成事故；还有些项目不能根据工程进展情况进行动态信息监测，及时对施工或设计方案进行调整；此外，对监测数据分析不够，报警不及时或数据错误也都会导致严重的工程事故。如：河北省石家庄市"8·7"基坑坍塌事故中，施工单位对Ⅰ级基坑未采用监测预警技术进行全过程检测控制，违反了《建筑施工安全技术统一规范》第7.1条第②款的规定。

8. 建筑安全监管方面

建筑安全监管部门安全责任不能有效落实，未加强对重大分部分项工程各个环节的安全监督管理。如：贵州省黔南布依族苗族自治州"3·2"挡土墙坍塌事故中，三都县住建局对违法建设项目"打非治违"不力，三都县住建局虽对该项目多次下达停止违法建设的行政指令，但行政执法没有形成闭合，致使该项目违法建设行为长期存在，最终导致事故发生。

3.4　预防措施

1. 加强岩土工程勘察管理

（1）加强对岩土工程勘察资料的管理，严格按相关规范和文件要求进行勘察作业，并保证所提交勘察报告内容的真实性和有效性。

（2）在基坑支护设计前，应对岩土勘察资料进行审查，主要包括以下几点：

1）有无完整的勘察报告；

2）勘察单位资质等级是否符合要求；

3）勘察成果是否经过评审。

2. 加强基坑支护设计管理

（1）加强基坑支护设计的管理工作，在基坑支护设计前，应查明基坑周边的环境条件，包括：

1）既有建筑物的结构类型、层数、位置、基础形式和尺寸、埋深、使用年限、用途等；

2）各种既有地下管线、地下构筑物的类型、位置、尺寸、埋深等；对既有供水、污水、雨水等地下输水管线，尚应包括其使用状况及渗漏状况；

3）道路的类型、位置、宽度、道路行驶状况、最大车辆荷载等；

4）基坑开挖与支护结构使用期内施工材料、施工设备等临时荷载的要求；

5）雨期时的场地周围地表水汇流和排泄条件。

（2）基坑支护设计应委托具有相应资质的单位进行设计，支护设计图纸应在论证评审通过后方可用于施工。

3. 加强基坑支护专项方案编制审核及专家论证程序管理

施工单位应根据支护设计文件要求编制基坑支护及土方开挖专项方案，专项方案内容应包括建办质〔2018〕31号文件《危险性较大的分部分项工程安全管理规定》要求的内容，并根据建办质〔2018〕31号文件确定是否需要进行专家论证，对需要进行专家论证的专项方案按照建办质〔2018〕31号等文件要求组织专家论证，专项方案论证通过后方可用于指导现场施工，论证程序符合各地区相关文件要求。

4. 加强第三方基坑监测管理

（1）业主方应在基坑开挖前委托第三方监测单位，并根据支护设计文件及规范要求编制监测方案，经评审后用于指导现场施工。

（2）危大工程的基坑监测方案应包括工程概况、监测依据、监测内容、监测方法、人员及设备、监测点布置与保护、监测频次、预警标准及监测成果报送等。

（3）安全等级为一级的基坑工程，应制定基坑施工安全监测应急预案。

（4）施工安全等级为一级的基坑工程应进行基坑安全监测方案的专家评审。

（5）监测单位应当按照监测方案开展监测，及时向建设单位报送监测成果，并对监测成果负责；发现异常时，及时向建设、设计、施工、监理单位报告，建设单位应当立即组织相关单位采取处置措施。

5. 加强基坑支护施工各工序及质量把控

（1）施工单位应在基坑施工前进行安全技术交底，明确施工过程中要求的施工顺序、工艺要求和质量、安全控制要点等；

（2）基坑开挖前应编制施工应急预案，对应急预案要求的应急物资提前准备到位；

（3）施工过程中应组织应急培训、安全培训等；

（4）施工中应加强施工过程的检查验收情况，对出现的质量问题及时进行整改。

6. 加强基坑工程的施工安全管理

各相关单位要加强基坑工程施工过程中的安全生产管理工作，施工单位应根据现场基坑的实际情况，严格按照专项方案和有关规范标准要求进行施工，合理选择施工工艺及安排施工顺序，在开挖过程中遵循"开槽支撑、先撑后挖、分层开挖、严禁超挖"的原则。施工过程中一旦出现重大险情，要立即组织施工人员撤离现场，确保人员的人身安全。

7. 加强基坑现场巡查及监管力度

各相关单位在施工过程中要加强基坑的现场巡视工作，及时发现安全隐患并进行处理；各监管部门要加强对施工现场的巡查执法工作，把施工现场深基坑工程作为监督执法检查的重点，严查现场的安全管理，对发现的安全隐患及时督促整改，对存在的重大安全问题或发生事故的企业和人员加大查处力度。

第4章 其他事故案例分析及预防措施

此章节包含 9 起典型事故案例，其中钢结构坍塌事故 4 起，物体打击事故 1 起，高处坠落事故 1 起，中毒及窒息事故 1 起，淹溺事故 1 起，爆炸事故 1 起。结构坍塌事故为建筑业多发事故，虽然占事故总比不高，但历年均有发生，且事故后果严重。高处坠落事故为多发事故，根据住房和城乡建设部统计，近三年占比约二分之一，尽管高处坠落较大及以上事故不多，但造成的伤亡总人数居高不下，一些新特点也暴露出来。中毒及窒息类较大及以上事故 2017 年以来呈现明显上升趋势，与多数建筑企业转型升级息息相关。针对以上情况，本书选取 9 起其他类型典型事故，并结合近年来的统计数据，对各类事故的特点和原因进行简要分析，并提出预防措施。

4.1 案例介绍

4.1.1 案例一 河南省新乡市"5·1"厂房钢结构坍塌事故（2014）

1. 事故简介

2014 年 5 月 1 日 18 时 4 分许，河南省新乡市中部医药物流产业园项目部在钢结构厂房屋架梁安装作业时，钢结构框架整体坍塌，造成 3 名作业人员被砸压死亡，1 名作业人员重伤，直接经济损失 452.5 万元。

2014 年 5 月 1 日，钢结构施工队长带着 8 名工人和 2 名吊车司机在钢结构厂房施工现场实施吊装作业。钢结构厂房自北向南分 S、N、K 3 条东西走向的立柱分布线，每条立柱线设 10 根钢构立柱。下午 2 人在 S 主线从东向西第 3 根立柱和屋架梁上配合 25t 吊车吊装第 2 根与第 3 根立柱之间上方的工字钢，1 人在 N 主线从东向西第 4 根立柱和屋架梁上配合 50t 吊车吊装连接 S 主线和 N 主线之间的屋架梁，50t 吊车将屋架梁和 2 人一起吊起，3 人在地面作业。18 时许，施工现场挂起了西南风，施工队长听到 K 主线最西边立柱上防风绳葫芦（防风绳紧固器具）打到立柱上，同时看到钢构框架已开始倾斜，整个钢构框架在 5、6 秒间整体坍塌，在钢构框架上方施工的 3 人同时坠至地面，并被坍塌钢构砸压，其东侧的临时职工宿舍亦被部分砸垮，致使在宿舍门口的 1 人被砸压。

2. 事故原因

(1) 直接原因

经调查认定，这是一起因违法违规施工导致的生产安全责任事故。事故直接原因为在建钢构框架未形成不导致结构永久变形的稳定空间体系，在阵风作用下导致柱间竖向支持受力过大，螺纹处破坏，丧失纵向刚度，造成钢构框架整体坍塌。

(2) 间接原因

1) 未按设计要求施工。在钢构搭设专项施工方案未经批准的情况下实施吊装，未按设计要求在钢柱安装完毕后用混凝土包柱脚，同时钢构垂直支持螺纹处缩颈较大导致抗拉承载力降低，防风绳设置不合理，未按现场施工实际情况对薄弱点设置。

2) 工程层层转包，安全管理缺失。名义施工单位以收取管理费的形式将工程包给个人，而具体实施钢结构搭建施工的则是无合同关系的施工队，组织吊装危险作业施工过程中未设置现场安全管理人员，吊装司索、指挥等特种作业人员无证上岗。

3) 违法建设。未办理好相关施工许可、备案手续，主要包括建设工程规划许可证、建设工程施工许可证、安全监督备案、消防监督备案、质量监督备案，施工设计图纸未经专门机构审核的情况下，违法违规开工建设。

4) 工程监理缺失。建设单位未及时补进监理公司，致使施工过程中监理单位缺失；施工单位在未有旁站监理的情况下，违规组织吊装危险作业。

3. 事故处理

(1) 司法机关立案查处9人的处理建议

建设单位项目负责人、施工单位项目负责人对工程违法违规开工建设负有直接管理责任，涉嫌重大责任事故犯罪。

城乡建设检查中队3人在工程执法检查中对违法行为没有及时制止，涉嫌玩忽职守犯罪。

项目安全员、施工队负责人、项目技术员、临时监理总监在危险作业实施前后安全技术措施缺失、安全监管不到位，存在严重职责不到位，由公安机关依法追究刑事责任。

(2) 相关单位处理建议。

建设单位、施工单位、监理单位存在违法违规施工，安全职责履行不到位，由主管部门进行行政处罚，并将其列入建筑市场信用信息不良记录。

4.1.2 案例二 黑龙江绥化市"8·3"艺体馆钢结构坍塌事故 (2014)

1. 事故简介

2014 年 8 月 3 日，黑龙江省绥化市绥化七中新建项目部在艺体馆钢网架作安装时，钢网架发生坍塌，造成 3 人被砸压死亡、2 人重伤，直接经济损失约 400 万元。

2014 年 8 月 3 日，施工单位进行艺体馆钢网架施工作业，13 点 10 分左右，准备起吊安装北侧第二组网架，当时有 8 名网架安装工人从艺体馆砖混结构墙外的脚手架爬上艺体馆西侧墙的顶部准备安装作业，第二幅网架起吊到与基础座持平后，安装人员开始陆续登上网架，安装网架主体与西部基础座对位加固螺丝。当上到第 5 人时，网架西部北侧吊装钢丝绳绑扎螺栓球和腹杆连接处的螺栓突然折断，导致 5 名安装人员随网架一同掉落至地面。

2. 事故原因

(1) 直接原因

事故的直接原因是专业分包单位违法变更原设计单位的设计图纸，并按违法变更后的图纸进行网架加工，制作网架的部分构件不符合国家质量标准，使制成的网架部分构件管径变小，管壁变薄，使 S1b57、S1b63 杆件荷载变小，承载力、强度和刚度降低，在吊装过程中造成 S1b57、S1b63 杆件失稳，对连接螺栓产生破坏力，导致螺栓折断，网架坠落。

(2) 间接原因

1) 设计变更违规。专业分包单位对原设计图纸没有经过原设计单位、建设单位、施工单位同意情况下，私自进行变更和加工，施工单位管理人员没有对工作完成情况进行确认，严重违反安全生产规范流程。

2) 安全教育验收不到位。施工单位没有按要求对安装网架的 8 名工人进行安全教育和培训，对网架配件进行二次检验的范围和记录内容不全，没有对杆件进行检验。

3. 事故处理

(1) 对事故相关人员的处理意见

施工单位主管技术副总、技术总工、安全科长，项目经理、技术负责、安全员对方案变更和实施监督把关不严，专业施工负责人予以辞退。

监理总监、安全监理由住建局进行约谈行政处罚。

(2) 相关单位处理建议

专业分包单位由市安监局依法依规进行行政处罚，对施工企业、监理企业由市住建局依法依规进行行政处罚。

4.1.3　案例三　天津市宁河县"6·12"仓库钢结构坍塌事故（2015）

1. 事故简介

2015 年 6 月 12 日 10 时 30 分左右，位于天津市宁河县经济开发区仓储物流工程项目施工现场，在进行仓库钢结构搭建过程中发生一起坍塌事故，造成 4 人死亡、1 人受伤，直接经济损失约为 389.2 万元。

6 月 12 日 10 时 30 分左右，仓储物流项目 1 号仓库施工现场 4 名作业人员在 1 号仓库东起第 25 和 26 排给大梁和柱子之间安装高强度螺栓。一台汽车吊配合另外 5 名作业人员进行 1 号仓库东起 26 排横梁组装调运作业过程中，作业人员在进行横梁螺栓固定时，1 号仓库西北角四个抗风柱突然发生倾斜变形，导致钢结构框架由西向东全部坍塌，致使正在第 25 和 26 排给大梁和柱子之间安装高强度螺栓的 4 名作业人员随大梁一同坠落，坍塌的钢结构砸中正在现场巡查的建设单位管理人员 1 名。

2. 事故原因

（1）直接原因

经询问目击者、现场勘验、技术鉴定及专家的技术分析，事故调查组认定：该工程钢结构安装顺序不合理、施工措施不当、柱脚部位施工错误是导致事故发生的直接原因。

（2）间接原因

1）违法承发包：建设单位未履行基本建设程序，未进行合法承发包；施工单位将工程转包，专业分包单位超越资质承揽工程。

2）安全技术方案未审核审批：在钢结构施工方案未进行专家论证及审批的情况下，盲目进行钢结构安装作业。

3）现场安全监管缺失：施工单位、监理单位未按照要求配备专职人员，现场无有效监管，未及时制止现场违规施工作业。

3. 事故处理

（1）对事故相关人员的处理意见

建设单位法人、施工项目实际负责人、专业工程实际负责人、劳务分包转包人、劳务分包实际负责人、项目监理总监、监理工程师涉及违法承发包、层层转包，涉嫌重大责任事故罪。

（2）相关单位处理建议

施工单位违法承发包，将其企业资质降低至三级，专业分包单位超越资质承揽作业，吊销资质，监理单位监管不力，停止投标 6 个月。

4.1.4 案例四 贵州省黔西南州"8·13"文体馆网架坍塌事故（2016）

1. 事故简介

2016年8月13日，黔西南州义龙一中二期工程文体馆建设项目在安装钢网架过程中，钢网架架体坍塌，坍塌面积约700m²，造成4人死亡、2人受伤，直接经济损失550余万元。

2016年8月13日17时15分左右，6名作业人员在高空负责从1轴线往18轴线方向进行散拼安装，高空散拼网架到10～12轴线长度大约为30m时（风力5.1级），架体发生晃动，造成安装的架体重心位移倾覆失稳，致使整个架体坍塌，导致正在高空进行散拼安装作业的6人随坍塌的架体一同坠落到地面，导致2人当场死亡、1人在送往医院途中死亡、1人在医院抢救无效死亡、2人受伤。

2. 事故原因

（1）直接原因

经专家组现场取证调研，事故直接原因是钢网架吊装安装未到位、钢网架支座未锚固、高空拼装未搭设支撑架、在外力的作用下造成钢网架重心位移倾覆失稳。

（2）间接原因

1）未按设计施工：对"图纸设计说明的重要性"没有重视，没有认真按照"图纸设计说明"的要求施工。

2）无专项方案支撑：未按照规定编制钢网架吊装专项施工方案，只在施工组织设计中有钢网架吊装说明，"说明"没有针对性和可操作性，不能指导钢网架吊装工程的施工，且施工组织设计没有完成"编制、审核、批准"手续。

3）无专业人员：现场没有钢网架结构安装的技术人员，操作工人无证上岗，违章作业。

4）安全主体责任缺失：施工单位没有履行安全生产管理主体责任。没有组建项目管理机构，没有进行技术工人培训，没有进行技术交底；项目经理未进场带班生产，吊装作业时安全员未到场。

5）监理监管不到位：总监理工程师、专业监理工程师未到场，监理员在钢网架吊装时未进行旁站监理。

6）违法承发包、违法分包、转包：施工单位借用资质，层层转包，违法分包给个人。

3. 事故处理

（1）对事故相关人员的处理意见

施工项目实际负责人对事故发生负直接责任，由于在施工中死亡予以免责；

项目实际负责人、项目总工、项目安全员、专业分包实际负责人、实际监理人员在工程实施中存在主体责任未落实，对违规作业不及时制止，违法违规乱象丛生，依法追究刑事责任；施工企业负责人、监理企业负责人、监理名义负责人在工程实施中存在违法承发包、出借资质等情况，给予行政处罚。

（2）相关单位处理建议

建设单位违法建设，进行行政处罚；总包单位出借资质，继续行政处罚；监理单位未及时安排人员监管，给予行政处罚。

4.1.5　案例五　广东省东莞市"6·7"钢桁架平台高处坠落事故（2015）

1. 事故简介

2015 年 6 月 7 日，广东省东莞市粮食仓储及码头配套工程项目部在进行立筒仓仓顶模板施工过程中，钢桁架平台发生高处坠落，平台上 4 人随同平台坠落，抢救无效死亡，直接经济损失约人民币 450 万元。

2015 年 6 月 7 日 14 时许，4 名劳务工人在（4）-（5）轴交（D）-（E）轴的立筒仓仓顶（标高为＋40.5m）施工过程中，通过 4 台手动葫芦对钢桁架平台（即由 28 榀滑模提升架连接而成的作业平台）进行下降作业，此时，4 台手动葫芦当中，3 台悬挂在滑模提升架 2 [10 横梁上，1 台悬挂在 2 榀滑模提升架之间的钢管上，而且，该 4 台手动葫芦的 4 个下吊点均吊拉在钢桁架平台下弦钢管上。由于悬挂手动葫芦上的钢管（2 榀滑模提升架之间）受力突然变形失稳，导致钢桁架平台向该手动葫芦下吊点方向倾斜，致使该手动葫芦下吊点受力同时变大，该下吊点钢管也因此弯曲变形失稳，并从钢桁架中脱落。随后，该钢桁架平台荷载重新分配到其他 3 台手动葫芦下吊点，直至下吊点钢管弯曲变形并从钢桁架平台中脱落，钢桁架平台从高处坠落至地面，在该钢桁架平台上作业的 4 名劳务工人高处坠落至地面，后送医院经抢救无效死亡。

2. 事故原因

（1）直接原因

经专家组现场取证调研，悬挂在 2 个提升架之间的钢管上的其中 1 台手动葫芦上吊点失稳和 4 台手动葫芦 4 个下吊点钢管弯曲变形并从钢桁架平台脱落，是导致钢桁架平台和 4 名作业人员一同高处坠落的直接原因；4 名作业人员违章作业，在无有效安全防护的情况下，用手动葫芦对自身作业平台——立筒仓仓顶钢桁架平台进行下降作业，这是事故发生的又一直接原因。

（2）间接原因

1）违法分包、未履行主体责任：施工单位将建筑工程劳务项目违法分包给不具备建筑工程劳务资质的包工头，安全管理流于形式，安全生产教育培训不到位。

2）危大工程未过程监管：未对超过一定规模的危险性较大的分部分项工程施工进行现场管理，未能及时发现劳务工人违章作业，并进行制止。

3）安全培训和交底不到位：未能保证从业人员具备必要的安全生产知识，熟悉相关的安全生产规章制度和安全操作规程，掌握本岗位的安全操作技能，且未如实记录安全生产教育和培训情况。

3．事故处理

（1）对事故相关人员的处理意见

现场包工头、班组长、监理总监、项目经理未履行安全职责，对事故发生负有重要责任，移送司法机关追究刑事责任。

（2）相关单位处理建议

施工单位违法分包，由安监部门进行行政处罚；监理单位未督促隐患整改落实，由安监部门进行行政处罚；建设单位未履行安全协调管理责任，由安监部门进行行政处罚；劳务单位出借资质，由住建部门进行行政处罚。相关情况纳入市场行为信用记录，进行差别化监管。

4.1.6　案例六　广西玉林市"8·12"管道窒息事故（2015）

1．事故简介

2015年8月12日，广西玉林市玉容路道路改造工程项目部在排污管道检查井清淤过程中，发生一起3人窒息死亡较大事故。

2015年8月12日下午，7名工人负责清理排水管检查井淤混凝土。18时左右收工时，施工队长不见清理排污管检查井淤混凝土作业的3名作业人员，发现位于玉容路茂林镇阪耀村路段铁路高架桥附近路边排污管道的检查井井盖打开着，模糊看到井里有人，至21时10分先后依次把3人陆续从井下施救上来，经抢救无效宣布死亡。根据市应急救援人员从井下救起被困人员的顺序，以及清淤作业的程序分析，当天应是1名作业人员先下井清淤，发生窒息被困。1人发现后下井救援时又发生窒息被困，另1人发现2人被困井下，最后又下井施救，最终造成3人全部窒息被困井下，致使3人窒息死亡事故发生。

2．事故原因

（1）直接原因

施工人员未经安全教育培训，安全意识淡薄，无井下安全作业知识，没有采取有效的安全防护措施，盲目下井作业、盲目下井施救，是事故发生的直接原因。

（2）间接原因

1）无方案施工：施工单位未健全安全生产责任制度，在该项目的施工组织设计及操作规程中对井下作业无针对性方案；对施工现场易发事故的部位、环节无预防、监控措施；未对项目存在的危险源进行有效辨识，无应急预案、演练。

2）安全教育、交底缺失：未对下井清淤施工人员进行安全生产教育培训、安全技术交底和配备有限空间作业安全防护装备；不督促劳务分包人按规范要求进行施工。

3）旁站监管不到位：施工、监理单位对特殊危险部位工序作业未进行旁站，现场监管缺失，对违规施工行为未能及时发现、制止。

3. 事故处理

（1）对事故相关人员的处理意见

施工单位企业负责人、项目经理、安全员、监理总监理工程师、劳务负责人安全生产履责不到位，由建设行政主管部门按照相关规定对其进行处理。

（2）相关单位处理建议

施工单位未履行安全管理主体责任，由安监部门依法依规进行行政处罚，建设主管部门组织进行停业整改；劳务分包单位安全监管全面缺失，安监部门依法依规进行行政处罚，建设主管部门组织进行停业整改；监理单位监管职责不到位，由建设主管部门进行行政处罚。

4.1.7 案例七 上海市"7·19"物体打击事故（2016）

1. 事故简介

2016 年 7 月 19 日，上海市通北路项目部在围墙拆除作业时，发生一起较大物体打击事故，造成 3 人死亡。

2016 年 7 月 19 日 15 时 59 分左右，项目部在使用挖掘机进行围墙拆除，拆除时指挥信号不明，司机操作挖斗将墙体上部向工地内侧推倒，坠落的砖块击中正在围墙内侧作业的 3 人。

2. 事故原因

（1）直接原因

挖掘机驾驶员未按照行业基本操作规程以及日常安全教育培训的要求，在未接受安全交底，未确认现场安全条件的情况下，盲目自信地将现场管理人员的手势误解为作业指令，操作挖掘机挖斗推倒上部围墙，击中在围墙内侧的 3 名作业人员。

（2）间接原因

1）安全教育不到位：相关作业人员安全意识淡薄，对事故现场交叉作业进行管理过程中现场安全防护措施缺失。

2）机械设备违规操作：对于作业现场挖掘机作业管理不善，未根据挖掘机从事作业的实际情况，制定有针对性的操作规程及安全管理措施，导致作业人员安全意识缺失，未按照日常教育培训以及行业基本操作规程的要求，在作业前未进行检查、确认、鸣号示警并确认现场指挥信息，在作业现场未能对挖掘机及其驾驶员实施有效的安全生产工作的统一协调和管理。

3）未落实拆除作业交底：未在作业前对作业人员落实安全交底工作。

4）拆除作业组织不合理：围墙拆除作业过程中，安排尚处实习期间的劳务公司作业人员协调围墙拆除及相关机械调配等工作，对事故现场交叉作业过程中安全管理措施缺失。

3. 事故处理

（1）对事故相关人员的处理意见

挖掘机司机违规作业，依法追究刑事责任；专业分包项目经理、项目经理、项目总工、总监理工程师对事故发生负有管理责任，由相关职能部门依法予以行政处罚。

（2）相关单位处理建议

劳务派遣单位、劳务分包单位、施工单位现场安全管理未有效落实，由安监部门进行行政处罚。

4.1.8 案例八 山东省潍坊市"10·12"管道淹溺事故（2016）

1. 事故简介

2016 年 10 月 12 日，山东省潍坊市分支管网敷设及改造工程科技学院幼儿园管道工程项目部在顶管施工过程中，污水井破裂，发生一起淹溺事故，造成 3 人死亡，直接经济损失约 460 万元。

10 月 12 日上午，项目部组织管道顶管作业，当进行到兴安路中间污水检查井下方时，污水检查井底局部突然破裂，大量污水迅速涌入顶进管道，致使 3 名人员被困，后送医院经抢救无效后死亡。

2. 事故原因

（1）直接原因

顶管挖土至污水检查井附近时，造成上部土层扰动，由于污水井长期渗漏，承载力下降，污水检查井井底局部突然破裂，大量污水迅速涌入顶进管道，是造成该起事故的直接原因。

（2）间接原因

1）安全管理混乱：建设、施工单位管理混乱，现场安全措施差，施工人员安全意识淡薄。建设单位未向施工单位提供地质勘察报告。施工单位未向施工现场提供施工图纸、施工组织设计、专项施工方案，施工现场无专业技术人员，导致施工现场工人盲目施工；顶进管道时未采取防坍塌等安全措施，工作坑未设置上下安全通道；施工作业前施工单位未对现场工人进行安全技术交底和安全教育，操作人员安全意识淡薄，自我保护意识差。

2）非法分包、转包：施工单位安全生产主体责任不落实，违规出借资质，非法分包、转包，违法违规组织工程施工。

3. 事故处理

（1）对事故相关人员的处理意见

项目施工负责人借用资质、伪造招投标文件，负有主要责任，依法追究刑事责任；2 名中间转包人，非法承包及转包工程，现场管理全面缺失，依法追究刑事责任。

（2）相关单位处理建议

施工单位出借资质，未落实安全生产主体责任，由市安监局依法依规采取上限行政处罚。

4.1.9　案例九　云南省德宏州"12·22"污水处理池爆炸事故（2017）

1. 事故简介

2017 年 12 月 22 日，云南省德宏州污水处理厂及配套管网工程（一期）项目部在污水处理池防腐作业时，发生爆炸事故，造成 4 人死亡、1 人轻微伤，直接经济损失 116.8 万元。

2017 年 12 月 22 日下午 14 时 20 分，现场负责人安排 5 名工人对污水处理池进行防腐作业。1 名作业人员将电风扇和电插板拿进池子内，然后爬出井口，在井口使用搅拌器对固化剂和配备好的有机溶液（其中有机溶剂为甲缩醛，属危险化学品，易挥发、易燃，与空气混合达到爆炸极限易爆）进行搅拌混合，搅拌好后 4 名作业人员一起戴上安全帽和口罩下到井内进行作业，1 人负责在井外向井内传递工具和涂料。14 时 40 分，井内忽然发生爆炸并迅速燃烧，造成在井内开展防腐作业的 4 名作业人员当场死亡，井外作业人员 1 人轻微伤。

2. 事故原因

（1）直接原因

结合事故现场勘查的诸多痕迹资料，本次事故的直接原因是 4 名施工人员在进行防腐作业（作业环境为高 7m、宽 1.1m、长 2.7m、容积 20.79m^3 的半封闭狭窄空间）时未进行有效通风，防腐材料稀释剂不断挥发出有机易燃气体，该易燃气体的分子比重大于空气，在狭窄空间内不断聚集，当易燃有机气体与空气混合达到爆炸极限时，遇点火源（现场违规使用非防爆电风扇和电插板产生电火花）发生爆炸与燃烧。

（2）间接原因

1）无资质施工：防腐单位借用资质非法承接专业分包作业，现场安全管理全面缺失。

2）有限空间作业安全管理不到位：施工单位、专业分包负责对受限空间作业和危险品作业的危险因素未进行辨识，对涉及的危险品理化性质不清，未采取有效的防火、禁烟、防爆、通风等安全防范措施。

3）教育和交底缺失：没有开展"三级"安全教育培训，管理人员和从业人员的安全意识淡薄。

3. 事故处理

（1）对事故相关人员的处理意见

防腐作业负责人违法承包，现场管理全面缺失，依法追究刑事责任；施工企业负责人、生产副总、项目经理、项目副经理、安全员现场管理责任缺失，由安监部门依法依规进行行政处罚。

（2）相关单位处理建议

施工单位非法分包，安全管理全面缺失，危险作业管理不力，由安监部门进行行政处罚；监理单位对危险作业监管责任缺失，未进行旁站监管，由安监部门进行行政处罚。

4.2 事故发生特点及规律

高处作业事故：高处坠落事故发生率高，多发生在临边、洞口等部分，但真正造成 3 人及以上伤亡的事故较少，多数为各类操作平台（作业平台、物料平台等）坠落，人员伤亡均为随同平台坠落造成，究其本质，反而与各类坍塌事故特点较为相近，本章中所列高处坠落事故亦为自制钢桁架平台坠落发生，因此预防较大及以上高处坠落事故的关键在于规范各类操作平台的制作、安装和使用。

中毒及窒息事故：本章中所列窒息事故为典型有限空间作业，此类事故多发生于各类管道及密闭场所维修工程，多数伴随中毒、窒息同时发生，在化工、制药、危险品生产等领域发生较多，新建工程由于空气流通情况好，反而不易发生。近年来，随着大量传统房建企业业务向基础设施、市政工程拓展，越来越多单位涉及有限空间作业，而房建主管部门、管理人员由于管理经验所限，重视程度不足，管控措施力度不够，短时间内事故发生起数有明显上升趋势。随着此类事故的发生，越来越多的地方开始制定有限空间作业管理规定，政府监管力量也开始明显倾斜。总体而言，房建领域有限空间作业技术难度不高，关键点仍然在于如何规范落实作业前的环境检测和排查、作业时的防护用品与旁站。

物体打击事故：物体打击是建筑行业五大伤害之一，其事故发生频率长期位于建筑事故第 2 位，与高处作业相似，虽然事故多，但一般不会发生较大及以上事故。本章所列事故为围墙倒塌引起的物体打击，围墙倒塌本应归为坍塌类事故，而本起事故是由于在围墙拆除中引起，究其原因属于拆除工程的范畴。

淹溺事故：传统房建领域结构多为开放型，故发生淹溺事故的概率极低。本章所列事故为有限空间管道作业时地下旧管道进水所引起的淹溺，究其特点属于有限空间作业的范畴，与基坑类事故相似。预防此类事故的措施同其他有限空间作业，在于作业前的环境检测和排查、作业过程中的防护与旁站。

爆炸事故：此类事故在建筑领域并不多见，本章所列爆炸事故为在有限空间环境下，电火花与可燃挥发性气体共存最终引起的爆炸，究其根本原因在于危险因素识别不足，此事故虽然有其偶然性，但由于各种不利因素的堆叠，也有其必然性。

钢结构坍塌：钢结构施工具有施工快捷、方便等优点，在工业厂房、文体场馆、超高层等大型公共建筑中应用较多，近些年建筑钢结构用钢量呈逐年增长趋势，工程规模持续加大，建筑钢结构施工作业也越来越广泛。通过对近 5 年钢结构坍塌及相关高处坠落事故分析，在较大及以上安全生产事故中，钢结构坍塌事故每年均有发生，其中 2014、2015、2017 三个年度事故起数和死亡人数比例较高，与其他类型事故比较，钢结构坍塌事故造成的直接损失和亡人率要高于平均水平；事故致因多是施工阶段结构失稳引起的衍生伤害，专业领域对钢结构施工方案重视程度不及传统危险性较大的分部分项工程，专业性标准规范相对较少，针对性和涉及深度不足。在产能过剩、供给侧改革、绿色建筑的大背景下，各地涉及钢结构工程项目会大幅度增加，如何有效遏制施工过程中安全事故发生，已经受到各方面的重视。

4.3　事故原因分析

由于其他类事故案例较少，分析共性原因并不具有科学性，此处只针对案例相对较多的钢结构坍塌事故原因进行分析。

4.3.1　施工安全技术问题

（1）未形成稳定空间刚度单元：钢结构安装过程中应严格按照方案及施工规范要求设置支撑结构或临时固定措施，形成稳定空间单元，构件安装就位后，应经检校或连接稳定可靠后方可拆除固定工具或其他稳定措施。屋架构件安装，及时进行固定并安装支撑系统，以保持结构稳定。长细比较大的构件，未经就位组成稳定单元体系前，应设置地锚等固定。

（2）未对安装顺序控制应严格控制：钢结构作业中，各构件安装顺序均经过受力验算，作为形成稳定受力单元的环节组成部分，因此安装顺序尤其重要，私自调整安装顺序极有可能导致局部结构受力失衡，最终导致整体坍塌。

4.3.2 施工安全管理原因分析

（1）违法建设、非法承发包因素：钢结构坍塌 4 个项目均存在工程承发包关系混乱问题，此外，3 个项目存在未办理施工许可、安全监督备案手续及招投标手续不合格等问题。此因素虽然不会直接导致事故发生，但通常会诱发监管缺失、压缩工期、偷工减料、压缩利润、扰乱安全体系建设等众多负面因素，往往成为事故发生的根本原因。持续开展"打非治违"，加强市场准入监管，加大违法违规行为成本，扩大市场行为信用评价体系覆盖范围和执法力度，带动企业健康发展，从根本上健全安全管理体系。

（2）现场检查缺失：4 起钢结构坍塌事故中 80％的事故现场基本无任何安全检查痕迹，总承包、专业分包单位未有效履行监督检查和旁站监督职责，对存在的隐患未及时排查整改，最终酿成事故发生。监督检查作为安全管理的基本业务，应纳入主管部门执法检查必查项，且要求标准应不断提高，尤其对检查出的隐患整改跟踪落实，更要严格要求。

（3）安全教育和安全交底缺失因素：4 起事故中 2 起明确未进行安全教育和交底，另外 2 起虽然事故报告中未加说明，但基于 3 起事故为个人、包工头、个人施工队组织施工，一般来说，在无有效的安全管理体系支撑下，教育、交底工作普遍缺失。推动使用信息化手段监管教育、交底情况，安全教育、安全交底和劳务实名制信息平台相绑定，规范集装箱式门禁、工人信息一卡通纳入三级教育信息，可以有效提高工人进场教育率，更方便监管。

（4）无方案施工问题严重：4 起事故均提及方案问题。根据《危险性较大的分部分项工程安全管理规定》（建设部令第 37 号），钢结构安装属于危险性较大的分部分项工程，必须编制专项施工方案，在事故中由于承包关系混乱，造成无方案施工情况较为突出。在此前提下，方案审核审批、优化完善、实施把控、安全验收更是无从谈起。总体反映出，钢结构专业分包领域，仍存在部分危大工程管理缺失情况，尤其在偏、散、小项目较为集中，完善危大工程各级单位建档建制、对有效降低群死群伤事故有非常实际意义，建议各属地主管部门建立危大工程监管台账，尤其要对钢结构安装方案加大管控力度。

4.4　预防措施

由于其他类事故案例较少，此处只针对案例相对较多的钢结构坍塌事故预防措施进行建议。

钢结构坍塌事故预防措施如下：

（1）形成稳定空间单元

钢结构安装过程中应严格按照方案及施工规范要求设置支撑结构或临时固定措施，形成稳定空间单元，构件安装就位后，应经检校或连接稳定可靠后方可拆除固定工具或其他稳定措施。屋架构件安装，及时进行固定并安装支撑系统，以保持结构稳定。长细比较大的构件，未经就位组成稳定单元体系前，应设置地锚等固定。

（2）关键构件阶段性验收

对钢结构主要持力构件，应在每次安装完成后进行阶段验收，确保达到方案要求强度，方可进行下一工序，如柱脚部位固定、支座锚固、钢平台吊点；在《危险性较大的分部分项工程安全管理规定》（建设部令第 37 号）中对验收的规定为"对于按照规定需要验收的危大工程，施工单位、监理单位应当组织相关人员进行验收。验收合格的，经施工单位项目技术负责人及总监理工程师签字确认后，方可进入下一道工序"，根据钢结构施工的特点，过程中的阶段性验收通常比最终验收更为关键，而在实际施工中，此类验收相对缺少。

（3）对外力作用进行充分考虑

钢结构安装作业通常涉及大量起重吊装，钢网架各构件受力情况相对传统钢筋混凝土结构更为复杂，吊装与结构碰撞等情况是规范要求禁止出现的，因此在受力计算中不予以考虑，而在实际作业中，由于网架结构复杂，常发生吊装时的相互作用力，如贵州黔西南州"8·13"坍塌事故就是由于外力影响导致结构出现重心位移、整体失稳，因此在钢结构施工方案中，结构稳定性验算安全系数适宜调增，外力计算应当更加保守。

（4）安装顺序控制应严格控制

钢结构作业中，各构件安装顺序均经过受力验算，作为形成稳定受力单元的环节组成部分，因此安装顺序尤其重要，私自调整安装顺序极有可能导致局部结构受力失衡，最终导致整体坍塌，施工过程中按设计顺序安装，避免集中吊装、安装，严格控制局部荷载过大情况，需要施工方案有足够的深度要求。

（5）吊装作业处于第一优先

钢结构施工中，起重吊装作业管理必须处于优先级别，一般旁站监督要求的资质设备检查、顺序严格控制、操作指挥合规等关键项必须严格控制。

（6）避免交叉作业尤其重要

如同其他坍塌事故，对正在施工中临时结构，应严格控制作业人员数量，无关人员应坚决杜绝交叉作业，一方面降低其他工序作业对结构稳定性的干扰，另一方面降低风险。

第5章 城市轨道交通工程事故案例分析及预防措施

2008~2018 年全国城市轨道交通工程呈现出大规模、快速发展的态势，获批项目、在建规模及开通里程呈快速增长。在工程建设过程中，因地质条件和周边环境复杂、施工技术难度大以及管理不到位等原因，导致部分城市轨道交通工程项目生产安全事故和工程风险时有发生。据统计，2008~2018 年，各地城市轨道交通工程发生较大及以上生产安全事故 18 件，死亡 85 人，造成重大人员伤亡、财产损失和严重社会影响。

5.1 案例介绍

5.1.1 案例一 深圳地铁 3 号线 3106 标段 "4·1" 坍塌事故（2008）

1. 事故简介

2008 年 4 月 1 日下午 15 时 15 分左右，深圳地铁 3 号线 3106 标段高架区间 HT19 号墩在混凝土浇筑作业时，墩柱模板突然发生坍塌，压埋和砸伤部分现场施工作业人员，造成 3 人死亡、2 人受伤。

事故发生经过：2008 年 4 月 1 日，根据施工进度，3106 标项目部进行 HT19 号墩柱混凝土浇筑作业。9 时 30 分许，区间主管组织施工员和监理公司监理员对 HT19 号墩柱的模板进行了验收（未提供书面材料），监理员口头同意浇筑。浇筑混凝土前未按规定进行施工技术交底。10 时 50 分，开始混凝土浇筑作业。期间，施工员和监理员发现混凝土浇筑过快，3 次要求停止浇筑，提醒放慢浇筑速度，但作业现场在停止 10 多分钟后又继续浇筑。

15 时 10 分许，浇筑至距墩顶标高约 1.7m，因进行墩顶支座预埋钢筋绑扎，混凝土浇筑作业停止，2 名钢筋工爬上模板顶部绑扎墩顶支座预埋钢筋。3 名混凝土浇捣工在模板支架上休息等候，此时约 15 时 15 分，墩柱模板向东南侧倾倒，2 名钢筋工、1 名浇捣工被摔至地面死亡。另 2 名浇捣工随模板及支架倒下受伤。

事故墩柱及其模板设计、安装概况：HT19 号墩柱设计高度为 15.353m，底部截面为 2400mm×3000mm，底面积 6.99m^2，墩柱长边方向为东西方向，长边从高度 11m 开始向两边逐渐扩大，墩柱顶长边达到 3800mm，长边中间有凹槽，墩柱混凝土强度等级为 C40，设计混凝土总量为 111m^3。

根据项目部制定的施工技术方案《关于浇筑混凝土的要求》的规定，HT19号墩柱的浇筑速度不得超过 9.0m^3/h。

根据设计要求，HT19 号墩柱模板采用无穿芯对拉螺杆的复合式定制大面积模板，面板选用 5mm 厚钢板，肋带选用 10mm 厚钢板。模板由多节拼装组成，每节高度 2.2m。节间用 M18 拼装螺栓连接，间距 200mm；角部对拉螺杆采用 M20，间距 740mm；加工角部对拉螺杆的原材为 II 级圆钢；模板安装后在模板的四角拉设缆风绳。

经调查确认，该起坍塌事故是由于 3106 标项目部混凝土浇筑作业人员抢时间，混凝土浇筑作业过快，施工方案存在缺陷，施工管理混乱，且监理部管理混乱，监理人员未切实履行监理职责，3 号线公司及其委托的管理公司施工管理工作不力造成的一起责任事故。

2. 事故原因

（1）直接原因

1）HT19 号墩柱混凝土浇筑作业过快，混凝土初凝时间过长，超过设计要求。施工方案中按初凝时间 5h 计算，而实际混凝土初凝时间为 7～9h，造成墩柱模板中底部侧压力过大。

2）模板设计方案存在缺陷，荷载设计值、螺杆截面积取值错误，模板存在角部对拉螺栓 I、II 级钢混用、节间拼装螺栓不按施工技术方案使用 M18 而使用 M16，致使墩柱模板底节胀裂，模板角部对拉螺杆断裂，模板爆开，模板失稳，整体倾倒。

（2）间接原因

1）项目部施工作业管理混乱。

① 模板安装作业混乱，验收制度执行不严。模板安装人员未按规定接受施工技术交底，凭经验施工，未按施工方案的要求施工。

② 混凝土工人未接受施工技术交底，惯用以往的做法，抢时间，混凝土浇筑作业过快。

③ 施工现场的施工员未按技术方案的规定有效控制浇筑速度。

④ 模板设计方案未编制模板整体稳定性措施。

2）监理公司未按国家的法律法规履行监理职能。

① 在施工单位工程报验表中应由总监或专业监理工程师签署审查意见的，却由不具备资格的监理员签署。

② 对存在缺陷的施工单位的《墩柱模板制安方案》审查不严，未提出修改意见而同意实施。

③ HT19 号墩柱模板未按施工方案进行安装，而监理员现场检验却认为合格，口头授意浇筑混凝土施工。

3）3 号线建设管理单位及其委托的管理公司工作不力。

5.1.2 案例二　杭州地铁 1 号线湘湖站"11·15"基坑坍塌事故（2008）

1. 事故简介

2008 年 11 月 15 日 15 时 15 分左右，杭州地铁 1 号线湘湖站北 2 基坑西侧风情大道发生大面积地面塌陷事故。造成 21 人死亡、重伤 1 人、轻伤 3 人，直接经济损失 4962 万余元。

湘湖站为杭州地铁 1 号线的起点站，位于萧山湘湖杭州乐园西侧，风情大道东侧。北 2 基坑长度为 106m，宽度为 20.5m，底板埋深 16m，连续墙坑底入土深度约 17m，车站主体结构顶板覆土 1.8m，车站主体为地下两层三跨钢筋混凝土矩形框架结构。

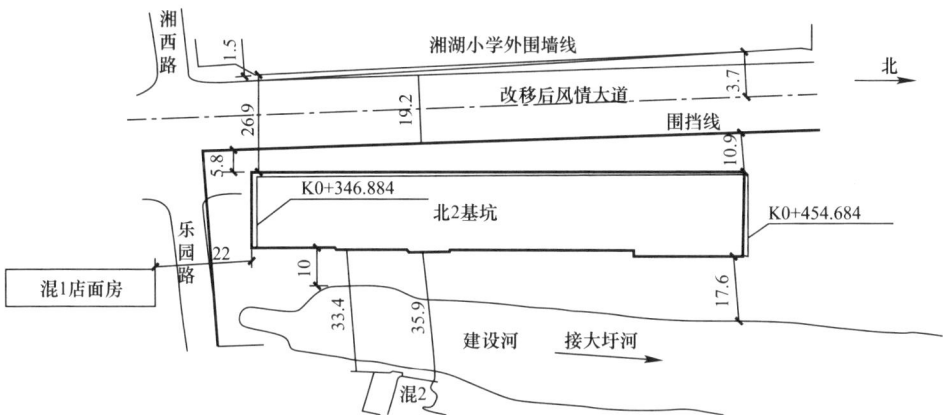

北 2 基坑工程现场平面图

结构底板主要坐落在④2 层淤泥质粉质黏土、局部⑥1 淤泥质粉质黏土上。潜水水位在地面以下 0.5m 左右，无承压水。

事故发生经过：2008 年 11 月 15 日 15 时 15 分，杭州地铁 1 号线湘湖车站北 2 基坑西侧风情大道路面下沉致使基坑基底失稳，导致西侧连续墙断裂，基坑坍塌，倒塌长度约 75m 左右。东侧河水及西侧风情大道下的污水、自来水管破裂后的大量流水立即涌进基坑，积水深达 9m。事发当日，造成 3 人死亡、18 人失踪，24人受伤。

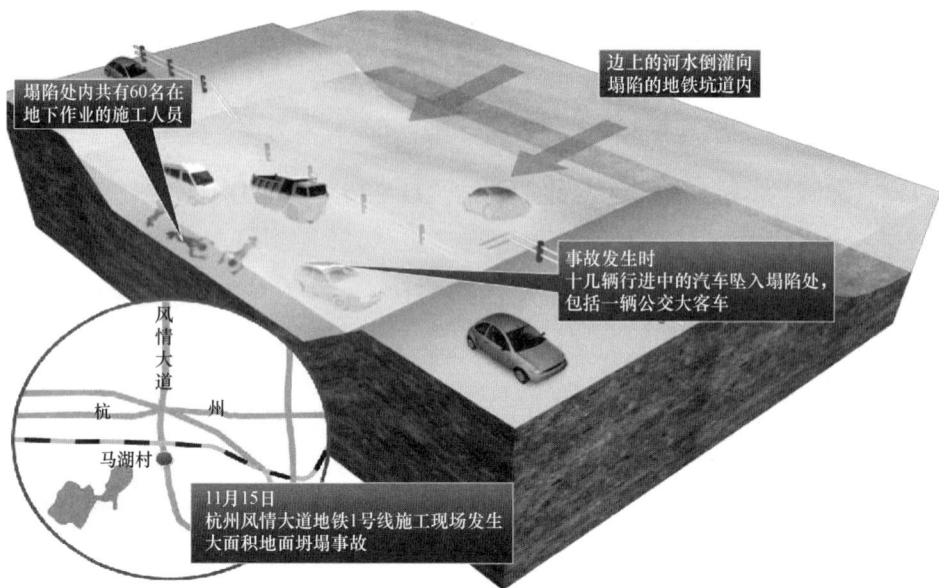

事故发生模拟图

调查查明，杭州地铁湘湖站北2基坑坍塌，是由于参与工程项目建设及管理的各方责任主体单位：施工、设计、勘察、监理及建设单位工作中存在一些严重缺陷和问题，没有得到重视和积极防范、整改，多方面因素综合作用最终导致了事故的发生，是一起重大责任事故。

2. 事故原因

（1）直接原因

1）施工单位违规施工、冒险作业、基坑严重超挖；支撑系统存在严重缺陷且钢管支撑架设不及时；垫层未及时浇筑。

2）监测单位施工监测失效，施工单位没有采取有效补救措施。

（2）间接原因

1）施工方面的原因

① 没有严格按照设计工况进行土方开挖。由于土方超挖，支撑施加不及时，支撑轴力、地下连续墙的弯矩及剪力大幅度增加，超过围护设计条件。

② 现场钢支撑安装不规范，活络头节点承载力不满足强度性能要求；钢管支撑与工字钢系梁的连接不满足设计要求，钢立柱之间也未按设计要求设置剪刀撑；部分钢支撑的安装位置与设计要求差异较大；钢支撑与地下连续墙预埋件未

进行有效连接，降低了钢管支撑的承载力和支撑体系的总体稳定性。

③ 项目部经理、总工程师随意变动，项目经理长期缺位，事发时项目总工没有工程师职称，不具备任职条件；现场施工员未经资质培训，无施工员资格证；劳务组织管理和现场施工管理混乱，员工安全教育不落实。

④ 不重视安全生产，违章指挥，冒险施工。对监理单位提出的北2基坑底部和基坑端头井部位地连墙有侧移现象，以及监测单位不负责任，监测数据失真等重大安全隐患，都未引起重视和采取相应措施。特别是在发现地表沉降及墙体侧向位移均超过设计预警值，以及发现风情大道下陷、开裂等严重安全隐患后，仍没有及时采取停工整改等防范事故的措施。

2）设计方面的原因

① 没有根据当地软土特点综合判断、合理选用基坑围护设计参数，力学参数选用偏高，降低了基坑围护结构体系的安全储备。

② 北2基坑安全等级为一级，但监测设计方案相对规范减少了周围地下管线位移、土体侧向变形及立柱沉降变形3项必测内容。

③ 设计图纸中未提供钢管支撑与地下连续墙的连接节点详图及钢管节点连接大样，也没有提出相应的施工安装技术要求。

④ 没有坚持原设计方案，擅自同意取消了施工图中的基坑坑底以下3m深土体抽条加固措施，降低了基坑围护结构体系的安全储备。

⑤ 施工图设计说明要求与施工图标明的参数前后不一致，致使实际施工技术目标与要求存在很大差异。

3）勘察方面原因

① 未根据当地软土特点综合判断选用推荐土体力学参数。

② 推荐的直剪固结快剪指标 c（黏聚力）、Φ（内摩擦角）值未按规范要求采用标准值。推荐的三轴 cu（三轴固结不排水剪）、uu（三轴不固结不排水剪）试验指标、无侧限抗压强度指标，与验证值、类似工程经验值相比差异显著，且各层土的子样数不符合规范要求，不能反映土性的真实情况。

4）监测方面原因

① 监测内容及测点数量不满足规范要求。

② 部分监测内容的测试方法存在严重缺陷。

③ 提供伪造的监测数据。电脑中的数据与报表中的数据不一致，存在伪造数据或采用对内对外两套数据的现象。

5）监理方面原因

① 未严格按设计及规范要求监理。

② 未按规定程序验收。

③ 对安全生产违法违规行为制止不力。

6）其他方面存在的问题

① 施工企业有关上级对湘湖站项目部管理失职。湘湖站项目部经理、总工程师随意变动，现任经理经常不到位，现任项目总工程师没有工程师职称，不具备任职条件，现场施工员未经资质培训，也无施工员资格证，现场劳务用工管理和现场施工管理混乱。

② 设计、施工、监理、业主单位对项目施工风险认识不足，监管不力。

③ 杭州地铁集团公司对地铁建设工程安全重视不够，管理不到位。

④ 杭州市建设主管部门落实《杭州市地铁建设管理暂行办法》（杭州市政府第（234）号令）有关"建设行政主管部门应当依法对地铁建设工程进行安全监督"的规定不够到位，对地铁工程建设安全管理存在疏漏，现场检查和隐患排查治理不彻底。

⑤ 杭州市建设质量安全监督机构对地铁建设过程中质量安全监督检查和隐患督促整改不到位。

⑥ 杭州地铁1号线建设没有严格按照国家发改委和省发改委批复的要求组织施工。工程前期准备不足，工程建设点多面广，监管力量严重不足，安全管理经验相对缺乏。

5.1.3 案例三 广州地铁3号线北延段"5·15"中毒和窒息事故（2009）

1. 事故简介

2009年5月15日17时15分左右，广州轨道交通3号线北延段施工9标地下施工现场（刀盘里程ZDK-22-489.61处），根据施工计划，按有关程序进行盾构机开仓检查刀具作业，作业人员进入盾构土仓内时突遇不明气体，造成3人中毒死亡。

事故发生经过：2009年5月15日，施工9标左线盾构机掘进至528环，按照既定的《开仓换刀施工方案》需要进行开仓检查或更换刀具；为此根据地质条件及地面环境，选择在ZDK-22-489.61处进行开仓检查、更换刀具。根据开仓检查或更换刀具的作业安排，隧道内作业班组共11人，5月15日下午准备进行开仓检查，17时05分左右仓内冲洗完毕，1名施工单位作业人员进入土仓进一步查看刀具磨损情况时，突然坠入土仓内，在其身后的另1名作业人员大声呼救并立即进入土仓施救，也坠入土仓内；从人仓外赶到的第3名作业人员，刚一进入土仓，即一头栽入仓底；紧接着，第4名作业人员进仓施救，上身进入大半时，即感觉强烈气味，头部严重不适，旁站的监理人员立即将其拉出并通过盾构控制室电话向地面汇报情况。

2. 事故原因

（1）直接原因

根据广州市安监局对该起事件的结案批复（穗安监报［2009］93 号文）的描述，事故直接原因为"盾构机挖掘仓泄压（土压平衡盾构机进行常压开仓）排水后，由于掌子面的压力大于挖掘仓的压力，底层中存在一氧化碳等窒息性气体，在施工人员进仓的瞬间突发涌出，导致中毒和窒息昏迷坠落挖掘仓水中死亡"，技术原因分析如下：

1）盾构停机位置为 9 号联络通道位置，地面为空旷草地，隧道顶部覆土埋深约 18m，洞身范围为〈7〉全风化泥质粉砂岩、〈8〉中风化泥质粉砂岩地层，该标段历次地质勘察均未发现瓦斯，设计时按非瓦斯隧道设计。

2）盾构机在正常使用及例行开仓时，盾构机本身不会产生有毒有害气体。

3）该盾构工程在以前的开仓检查作业时，均未发现有毒有害气体；根据已通过的第一台盾构机在同一地段开仓的情况，也没有发现有毒有害气体；而且在本次开仓前严格进行了有毒有害及易燃易爆气体检测，包括第三方检测及自行检测，没有发现异常。

4）土仓内的有害气体可能来自地层裂隙、层面的地下水中，也有可能来自地层深部，在土仓内突发性的聚集，导致了事故的发生。

（2）间接原因

除了分析造成事故的直接原因外，还依法从施工单位的《施工组织设计》上是否有缺陷、安全生产教育培训、劳动组织、现场施工的检查和指挥等间接因素进行了逐一分析，认为本次事故属于不可预见的偶然事件，是意外自然事故，是一起非责任的中毒事故。

3. 事故处理

事故调查报告界定本次事故属于不可预见的偶然事件，是意外自然事故，是一起非责任的中毒事故，故无对责任单位和人的处理建议。

5.1.4　案例四　西安地铁 3 号线 "5·6" 隧道坍塌事故（2013）

1. 事故简介

2013 年 5 月 6 日凌晨 2 时 40 分左右，西安地铁 3 号线胡家庙至通化门区间始发井左北隧道开挖至 8m 进深，作业面 9 名作业人员正在施工，突然出现隧道顶部坍方，造成 5 人被埋压死亡。

经调查确认，这是一起因隧道拱顶为湿陷性饱和软黄土、软塑、局部流塑、高压缩性土、承载力低、左上方紧邻既有建筑物基坑肥槽，肥槽中积水不断渗透至拱部土层中，右上方雨污水管线反坡排水不畅，长期带压渗流，随着隧道开挖过程，土体物理力学性能恶化，自稳能力显著下降，加之设计单位、施工单位、监理单位、监测单位违规建设施工，导致围岩瞬间破坏，隧道初期支护拱圈整体掉落，而引发的较大生产安全事故。

2. 事故原因

（1）直接原因

隧道拱顶为湿陷性饱和软黄土、软塑，局部流塑、高压缩性土，承载力低（$f_{ak}=90kPa$）；左上方紧邻既有建筑物基坑肥槽，肥槽中积水不断渗透至拱部土层中，竖井东西两侧勘察孔相邻几十米，地下水位相差 2m，反映有地下水自西侧补给；右上方雨污水管线反坡排水不畅，长期带压渗流随着隧道开挖，土体物理力学性能恶化，自稳能力显著下降，围岩瞬间破坏，导致隧道初期支护拱圈整体掉落。

（2）间接原因

1）设计单位在浅埋暗挖隧道 B 型断面结构图说明中，明确要求断面采用短台阶加临时仰拱法开挖，但未在相应图纸中进行具体标注说明，存在重大工作疏漏，且在施工单位明确提出异议后，未能及时予以纠正，致使该安全防护措施未得到落实。

2）施工单位违反有关施工程序，在设计单位未对图纸相关内容进行交底的情况下，违规开工建设。致使有关安全防范措施未能得到有效落实；在组织施工过程中违反有关设计文件及《安全专项施工方案》，违规在坍塌隧道内下台阶开挖减压槽，致使隧道拱形支撑持力层土体水平方向抗压强度减弱；违反《地下铁道工程施工及验收规范》中："基坑两侧 10m 范围内不得存土，在已经回填的隧道结构顶部存土时，应核算沉降量后确定堆土高度"的规定，在施工竖井基坑边缘和坍塌隧道上方设置存土点，且未进行沉降量核算，为项目后续施工造成重大安全隐患；违反《安全专项施工方案》中的相关要求，未对坍塌隧道马头门处上台阶格栅与围护桩主钢筋进行连接固定；未能按照有关设计图纸说明和《实施性施工组织设计》要求，在隧道内采取临时仰拱在隧道中部采取的临时水平支护措施；未对坍塌隧道拱顶进行有效的沉降量监测。

3）监理单位职责履行不到位。在建设单位未组织有关勘察、设计单位向施工、监理、监测单位进行勘察、设计文件交底的情况下，允许施工单位违规进行开工建设，致使有关安全防范措施未能得到有效落实；在发现施工单位违反《安全专项施工方案》中的相关规定，没有对坍塌隧道马头门处上台阶格栅与围护桩主钢筋进行连接固定的违规施工行为采取有效监理措施予以纠正，致使安全隐患未得到及时消除；事故发生前，其监理人员发现施工人员违规在坍塌隧道下台阶挖掘减压槽后，没有及时予以制止。

4）监测单位在坍塌隧道拱顶上方监测点被施工单位设置的存土点遮挡、覆盖后，已无法进行正常沉降数据监测，该公司未采取措施及时恢复相关监测工作，致使坍塌隧道拱顶部位长期缺乏沉降监测数据，无法及时发现拱顶受压下沉变化。

5）建设单位未能采取有效措施督促设计、施工、监理等单位，对涉及施工安全的重点环节和部位采取有效的技术防范措施；在未组织设计、施工、监理等单位进行施工设计图纸交底的情况下，对违规施工建设行为没有进行制止。

3．事故处理

（1）事故责任单位处理建议

依照有关法律法规对 4 家责任单位给予相应行政处罚；责成当地生产经营单位向市政府作出深刻书面检查。

（2）事故责任人处理建议

市政府同意将设计单位、施工单位、监理单位主要负责人共 5 人移送司法机关。

对设计单位相关责任人共 17 人进行相应的党纪、政纪处分。

5.1.5　案例五　南宁市轨道交通 1 号线 "10·7" 坍塌事故（2014）

1．事故简介

2014 年 10 月 7 日 21 时 50 分许，南宁市轨道交通 1 号线土建 7 标动物园站至鲁班路站区间在进行盾构设备开仓换刀作业期间发生坍塌事故，造成 3 名作业人员死亡，直接经济损失约 1300 万元。

经调查认定，这是一起受自然天气、复杂工程水文地质环境和施工单位管理措施不到位等多重因素叠加引发的较大生产安全责任事故，且施工单位在事故发生后存在瞒报行为。

2．事故原因

（1）直接原因

2 号联络通道连续墙体外地下水受自然天气及复杂工程水文地质环境等多重因素叠加影响，形成高压水头，压迫左线盾构机前方连续墙接缝处，使之超过承压极限而被破坏，导致土仓外土体瞬间坍塌，大量水土涌入土仓和人闸，掩埋作业人员，造成事故。

（2）间接原因

1）施工单位对复杂地质水文条件下的施工安全措施认识不足，现场安全管理不到位。

① 施工现场人员管理不到位。事发时，左线盾构机实施开仓换刀作业的人

员与专项方案所列人员不相符，人员变更后未报监理单位审查同意。

② 2号联络通道连续墙施工补充措施未办理变更手续，亦未组织必要的技术咨询和论证。

③ 施工监测不到位。监测孔因施工交叉作业屡遭破坏，导致施工现场监测工作开展不正常，部分监测数据缺失。

④ 隐患排查不彻底，流于形式。对地下水情变化情况疏于观察，对左线盾构机土仓前掌子面土体稳定性出现误判。

⑤ 应急处置措施不当。事故发生后，擅自用土方回填因隧道坍塌形成的路面塌坑，加剧了盾构机土仓的救援难度。

2）施工现场监理缺位，风险管控措施不到位。

① 现场旁站监理不到位。未按《建设工程旁站监理管理规定》（建市〔2002〕189号）编制《开仓作业旁站监理方案》和填写旁站监理记录；未能及时督促项目部纠正现场施工人员与专项方案不符的问题；旁站监理工程师当班期间脱岗。

② 监测数据比对流于形式。未能督促项目部有效开展施工监测，导致部分监测数据缺失，数据比对严重滞后。

③ 现场监督检查不到位。未能及时督促施工单位办理连续墙分幅和增设等施工补充措施的变更手续，亦未能督促其组织必要的技术咨询和论证；未能督促施工单位有效开展隐患排查，及时治理危害施工的水患；事故发生后未能检查发现施工单位关仓停止换刀作业的异常行为。

3）劳务公司对劳务队伍管理不到位，允许无相关资质的劳务队伍挂靠其名下承揽工程。

4）轨道公司督促检查不到位，对风险防控应对措施跟踪落实不到位。

① 对复杂工程地质水文条件下施工作业的风险应对措施不足。

② 对施工单位采取的施工补充措施没有及时察觉并督促其组织论证。

③ 未能有效督促施工、监理单位及时纠正施工监测、监测数据比对等方面存在的安全隐患；也未能及时检查发现施工单位关仓停止换刀作业的异常行为。

5）南宁市建筑管理处监督检查不到位。过于侧重工程实体方面的巡查，对参建单位落实安全生产责任制督促不力，开展轨道工程施工安全监督管理不到位，对施工、监理单位的管理行为监督不到位。

3. 事故处理

（1）事故责任单位处理建议

依照有关法律法规对施工总承包单位和监理单位作出经济处罚，对劳务分包单位作出吊销其相关施工资质处罚，对建设单位要求作出深刻书面检查。

（2）事故责任人处理建议

将责任人移送司法机关追究刑事责任，给予建设单位、监理单位、施工总承包单位相关管理人员行政记大过等党政纪处分，对于监理单位相关责任人员吊销执业资格证书和经济处罚等处理措施。

5.1.6　案例六　南京市地铁 3 号线"12·3"起重伤害事故（2014）

1. 事故简介

2014 年 12 月 3 日 15 时 15 分左右，南京地铁 3 号线 TA09 标夫子庙地铁站 2 号出入口施工现场发生一起汽车起重机（简称：汽车吊）倾覆事故，事故造成 3 人死亡，1 人受伤，同时造成 5 辆小轿车不同程度受损，直接经济损失 450 万元。

2. 事故原因

（1）直接原因

吊车驾驶员违章操作，将汽车吊架设在沟槽边缘土质松软且易坍塌的地面上，未在左前侧支腿下方垫设垫板，当钢筋吊运至汽车吊左侧时，超载 13.7%，左前液压支腿处压力加大，致使汽车吊左前液压支腿下陷，最终导致汽车吊整体倾覆。

（2）间接原因

① 项目部吊运钢筋作业现场安全管理缺失，没按照吊装作业要求，安排有资质的信号司索工和专人现场进行管理和设置警戒。相关管理人员执行安全生产规章制度不到位，现场施工管理员未在现场实施管理，现场安全管理不到位。

② 监理人员履责不到位，现场巡查、检查不力，未能及时发现吊运钢筋作业现场安全管理缺失的不安全行为。

③ 地铁建设公司相关管理人员对监理、施工总包方督促检查不到位。

3. 事故处理

（1）事故责任单位处理建议

依照有关法律法规对施工总承包单位作出暂扣安全生产许可证的处罚。

（2）事故责任人处理建议

将直接责任人移送司法机关追究刑事责任，对施工总承包单位和分包单位现场管理人员予以解聘，对监理单位责任人予以撤销职务和罚款，对施工总承包单位主要管理人员予以行政警告或诫勉谈话的处分。

5.1.7　案例七　南京地铁 4 号线"12·17"钢筋拱架坍塌事故（2014）

1. 事故简介

2014 年 12 月 17 日 17 时 20 分左右，南京地铁 4 号线 TA06 标项目工地蒋~

王矿山法区间暗挖隧道现场（事故地点隧道断面宽 23m×高 15m），在隧道二衬钢筋绑扎加固过程中，钢筋与作业支撑体系瞬间垮塌，造成 4 人死亡、3 人受伤，直接经济损失约 430 万元人民币。

经调查确认，这是一起作业人员对二次衬砌拱墙钢筋拱架实施整形加固（扶正）作业过程中，因钢筋拱架突然失稳发生坍塌而造成的较大生产安全责任事故。

2. 事故原因

（1）直接原因

二次衬砌拱墙钢筋拱架在实施整形（扶正）加固过程中因突然失稳发生坍塌。

（2）间接原因

1）劳务公司在对二衬拱墙钢筋拱架进行整形加固时，对其倾斜变化和相应稳定性措施缺乏实践经验，加固措施不当，现场安全管理不到位，对实施整形加固（扶正）作业过程中可能导致的安全风险判断预估不足。

2）项目部现场有关管理人员未能认真督促、监督作业班组按照有关要求有效实施作业。

3）监理公司项目部未能严格履行监理职责，未能及时发现并制止现场作业人员整形加固措施不当行为。

4）地铁建设公司相关管理人员对监理方、施工总承包单位督促检查不到位。

5）轨道交通建设工程质量安全监督站，未能对事发项目的安全情况进行有效监管。

3. 事故处理

（1）事故责任单位处理建议

对施工总包单位、劳务分包单位及监理单位进行经济处罚。

（2）事故责任人处理建议

1）对劳务公司施工现场负责人，建议移送司法机关依法追究其刑事责任；对劳务公司相关负责人进行经济处罚。

2）对施工项目部管理人员，建议撤销职务或给予经济处罚。

3）对监理单位现场监理人员建议给予经济处罚。

4）对建设单位项目管理人员给予诫勉谈话、责令作出检查等处理。

5.1.8　案例八　重庆地铁 5 号线"2·19"高坠事故（2016）

1. 事故简介

2016 年 2 月 19 日 8 时左右，重庆轨道交通 5 号线一期工程土建 5109 标半山站明挖段，3 名作业人员站在钢筋混凝土横向内支撑上，进行模板支撑体系贝雷梁拆除时，贝雷梁突然倾倒，将站在支撑上的 3 名作业人员挤落入基坑底面。

事故现场情况：明挖段全长 41.38m，基坑宽 23.8m，开挖深度最大 26.7m，主体为地下两层结构，围护结构为桩＋内支撑，共布置 6 层支撑，其中首层支撑为钢筋混凝土支撑，与围桩桩顶冠梁连接，2～6 层为钢管支撑，支撑层间距 3.5～4m。钢筋混凝土支撑水平间距为 6m，共布置 7 道。

事故发生经过：2016 年 2 月 19 日 8 时左右，重庆轨道交通 5 号线一期工程土建 5109 标半山站明挖段 3 名作业人员站在已浇筑并已拆除了模板、木枋、11 号工字钢的第一道第 5 号现浇钢筋混凝土横向内支撑上进行模板支撑体系贝雷梁拆除，其中作业队长安排指挥另 2 名作业人员用气焊切割解除现浇钢筋混凝土横向内支撑左右两侧贝雷梁之间的连接槽钢。先切割解除了 2 组贝雷梁之间的下部连接槽钢，再切割解除了 2 组贝雷梁之间的顶面连接槽钢；在 9 时 50 分左右，在切割解除完顶面最后一根横向连接槽钢的一端后再切割另一端时，两组贝雷梁突然向大桩号方向倾倒，大桩号侧的贝雷梁变形坠入基坑底面，小桩号侧的贝雷梁倾倒在已浇筑的第一道第 5 号现浇钢筋混凝土横向内支撑上，将站在该现浇钢筋混凝土横向内支撑上的 3 名作业人员挤落入基坑底面。

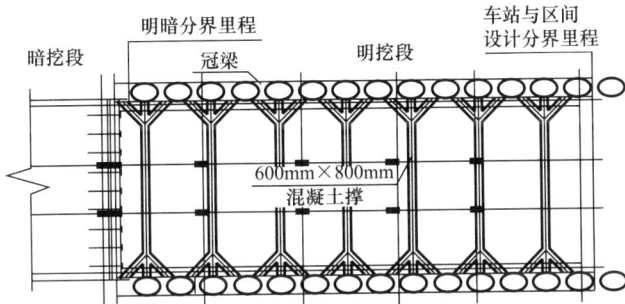

半山站明挖段混凝土横撑平面布置图

半山站主体结构明挖段位于九龙坡区华龙大道正下方，风道及出入口位于华龙大道东、西两侧人行道及园林用地下方。华龙大道路宽约为 30m，双向 6 车道，中央分隔带宽 6.8m，为主城通往江津、西彭的城市主干道。明挖段施工必须临时占用华龙大道中央绿化带及右侧 2 个侧车道，左侧 3 个车道。施工期间保留出城侧 2 条车道，进城侧 3 车道。

2. 事故原因

（1）直接原因

1）作业人员违章作业。施工现场作业人员在拆除贝雷梁过程中，未按安全专项施工方案和安全技术交底的要求施工、违章作业,在吊车未到位的情况下,且缺少有效的稳定措施时,擅自提前拆除两组贝雷梁之间的横向连接槽钢;违反《半山站及2号出入口明挖基坑开挖支护安全专项施工方案》和《施工(安全)技术交底记录(贝雷梁架设、拆除)》的要求,导致事故发生。

2)作业人员未按要求佩戴安全带。作业人员在拆除贝雷梁过程中,未按规范、安全专项施工方案和安全技术交底的要求组织施工,正确使用和佩戴安全带。

(2)间接原因

施工企业主体责任落实不到位,主要表现在:

1)教育和督促从业人员严格执行公司的安全生产规章制度和安全操作规章作业不力。

2)事故隐患排查不到位,未采取有效措施及时发现并消除违反操作规程作业的事故隐患。

3)监督和教育从业人员按照使用规则佩戴、使用劳动防护用品不力。

3.事故处理

(1)事故责任单位处理建议

对施工单位建议处以罚款。

(2)事故责任人处理建议

对施工单位项目安全管理主要责任人进行经济处罚。

5.1.9 案例九 重庆地铁5号线8标"7·29"钢筋垮塌事故(2016)

1.事故简介

2016年7月29日7时,重庆轨道交通5号线一期工程土建5108标巴山站配线段钻爆区间,钢筋班组12名工人在进行二衬双层钢筋安装作业。8时10分左右,钢筋绑扎的6名工人在二衬台架顶部进行钢筋绑扎作业时,位于台架顶部左侧的工人为了调直纵向钢筋,将两根钢管支撑顶托相继拆除,导致临时支撑体系性能变差,造成还未形成整体受力钢筋骨架的二衬双层钢筋下沉变形,重心侧倾失稳发生坍塌事故,造成3名现场作业人员死亡。

事故现场情况:配线段总长224.8m,分A、B、C、D 4种衬砌断面。事发时开挖初支已完成,正在进行二次衬砌施工,发生事故的部位为D断面与TBM区间交界面的第一组衬砌。该段衬砌设计厚度70cm,双层钢筋,内外层环向主筋均为$\phi 28@150$,纵分布筋均为$\phi 22@150$。

事故发生经过:2016年7月29日7时,重庆轨道交通5号线一期工程土建5108标巴山站配线段钻爆区间 ZDK32239～ZDK32248 范围内,钢筋班组12名工人在进行二衬双层钢筋安装作业。8时10分左右,钢筋绑扎班组长等6名工人在二衬台架顶部进行钢筋绑扎作业时，墙顶部左侧的作业人员为了调直纵向钢筋，将两根钢管支撑顶托相继拆除，导致临时支撑体系性能变差，造成还未形成整体受力钢筋骨架的二衬双层钢筋下沉变形，重心侧倾失稳发生坍塌事故。

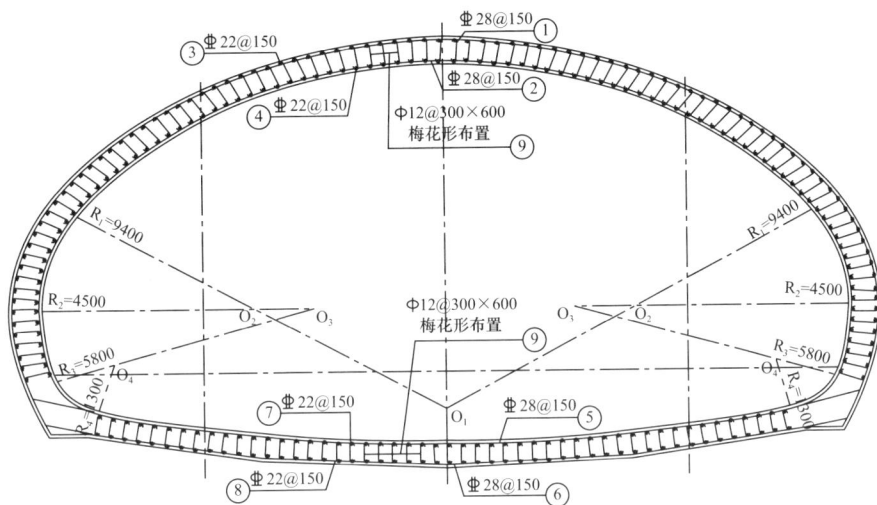

配线段 D 型衬砌断面图

配线段与 TBM 交界处第一组 D 型断面钢筋向外（小里程方向）倾覆于作业台架上，拱顶处下落高度约 2m。

2. 事故原因

（1）直接原因

事故点 D 型断面二衬双层钢筋安装过程中，二衬双层钢筋未完全形成整体稳定骨架前，提前拆除了部分临时支撑，加之二衬双层钢筋未有效设置纵向临时支撑，是导致此次二衬双层钢筋失稳坍塌事故的直接原因。

（2）间接原因

1）企业主体责任落实不到位。

2）施工方案和施工技术交底针对性不强。

3）施工单位对事故段进行二衬双层钢筋衬砌的过程中，对其稳定性变化和相应维稳措施缺乏实践经验，加固措施不当，对可能导致坍塌的风险判断预估不足。

4）施工单位针对二衬双层钢筋的绑扎不符合要求。

5）监理单位未能严格履行监理职责，未按照法律法规和工程建设强制性标准实施监理。

3. 事故处理

（1）事故责任单位处理建议

对施工、监理单位进行经济处罚。

（2）事故责任人处理建议

1）施工单位钢筋班组现场实际负责人，建议由司法机关依法追究刑事责任。

2）监督机构主要责任人员，建议由纪检监察部门按照规定给予处理。

3）建议对施工单位安全副总监吊销相关证照。

4）建议对施工单位项目经理、监理单位总监理工程师等相关责任人员进行经济处罚。

5.1.10 案例十 沈阳地铁 9 号线一期 "10·19" 隧道坍塌事故 （2016）

1. 事故简介

2016 年 10 月 19 日上午 8 时 40 分左右，沈阳地铁 9 号线一期工程 22 标段曹仲站——沈苏西路站暗挖区间左线隧道 DK15＋025 里程位置发生塌方事故，致 3 人死亡。洞内在掌子面后方 5m 处初支发生断裂错位，拱顶下移最大约 700mm；事故造成路面坍塌，坑洞长 6m、宽 4.5m、深 4m。

事故发生经过：2016 年 10 月 19 日上午 6 时，6 名挖掘工人从 2 号竖井进入正线左线隧道 166m 处掌子面，开始注浆加固砂体作业，注完浆后进行人工挖掘作业。8 时许，挖掘机司机进入现场用钩机往四轮翻斗车上装运砂土。8 时 45 分许，2 名挖掘工人离开掌子面到竖井取钢筋和架子等作业用品，挖掘机司机发现施工掌子面上部有砂土掉落现象，急忙与正在作业的 4 名工人紧急撤离，同时 1 名作业工人也发现超前小导管脱落，迅速跳下平台撤离，另外 3 人在撤离过程中，遇距掌子面约 5m 上下台阶交界处拱顶整体断裂，瞬间被断口处泄漏砂土埋住。

2. 事故原因

（1）直接原因

原上部灌渠长期垂直渗水，拱顶以上砂土层中微小黏粒在水动力作用下流失，导致砂土层密实度较其他地段密实度小，其密度状态比原地勘报告均下降一个等级，塌方处地层变化复杂，土体自成拱性差，是导致本次事故发生的主要原因。重载车辆反复振动对下方隧道开挖拱顶砂土自身稳定性构成不利影响，与砂土层密实度差叠加作用，易造成砂土塌落。施工单位对矿山法施工操作工人班前教育内容不全面、不细致，也是导致本次事故的次要原因。

1）掌子面塌方原因：经补充地质勘察，原上部灌渠长期垂直渗水，拱顶以上砂土层中微小黏粒在水动力作用下流失，导致砂土层密实度较其他地段密实度小。通过勘察资料对比，事故发生处，同样的地层其密度状态出原地勘报告均下降一个等级，塌方处的地层复杂，变化大。另外，事发点地处十字路口，重载车往返频繁震动对下部隧道内土体稳定性造成不利影响。上述两方面因素叠加作用导致掌子面塌方。

2）上下台阶交界处初期支护断裂原因。矿山法隧道施工时，隧道上部应力分布复杂，随着初期支护的各工序施工，应力处于动态调整状态，任何一点应力释放及变化都将引起其他部位的应力分布状态发生变化，进而在应力集中区或结构最薄弱处产生破坏。矿山法隧道第一步掘进时，上拱部土体稳定性主要靠超前支护来维系，而掌子面土体稳定主要靠预留核心土反压和土体的自身稳定性来维系。本次事故掌子面处上方土体塌方后，局部土体流动和应力释放迅速波及后方上台阶初支结构，因上台阶初支已形成，致使应力继续向后转移并在初支刚度变化较大处发生应力集中现象，现场上台阶进尺长度约5m共安装有10榀格栅钢架，钢架两端脚部钢板以下台阶顶面砂层为基础，为保持其稳定性并设有锁脚锚杆，上下台阶交界处上拱钢架两端脚部采用同样方法处理，但此处下台阶坡率较大，后方为临空面，坡面浅层土体应力释放较严重，坡顶角部区域砂层施工过程中更易受扰动，当上拱部初支承受不均匀受力或发生异常情况后，此榀钢架很容易下沉，进而导致初支全封闭和未全封闭处上部结构发生断裂。

（2）间接原因

施工单位对暗挖施工的总体风险预判不足，对施工过程中土质变化监测不到位，未采取有效措施确保生产安全；对隧道掘进至事故发生区域地上重载车辆的震动和动载未给予充分重视；对从事暗挖作业人员的安全教育不详实。

工程咨询有限公司对施工单位土质变化监测工作未进行有效的指导和监督，对隧道掘进至事故发生区域地上重载车辆的震动和动载这一事故隐患，未提出防范措施和建议。

地铁集团有限公司对暗挖施工的总体风险预判不足，对施工过程中土质变化监测不到位，对施工单位未采取有效措施确保生产安全缺乏监督和指导，对隧道掘进至事故发生区域地上重载车辆的震动和动载可能对暗挖土层产生扰动预估不足，对施工单位作业人员的安全教育指导不力。

3. 事故处理

（1）事故责任单位处理建议

对施工单位、监理单位进行经济处罚。

（2）事故责任人处理建议

1）施工单位项目部工程部部长，建议给予行政记过处分。

2）施工单位项目部经理，建议给予经济处罚。

3）建设单位土建施工管理负责人及安监处主要责任人，分别建议给予行政记过处分、行政警告处分。

4）监理单位总监代表、安全总监，建议由市建设行政主管部门责令其停止执业1年。

5.1.11　案例十一　杭州地铁4号线中医药大学站"7·8"涌土事故（2016）

1. 事故简介

2016年7月8日22时30分左右，南基坑12～14轴正在进行底板混凝土浇筑施工，14～15轴准备浇筑垫层，15～16轴基坑开挖至底板上2m，预留两个脚部部分土方，10名作业人员正在进行掏挖和基坑下部中隔墙与侧墙缝隙处钢板封闭施工，前期已经施工好的位于第三道和第四道支撑之间（10～15m）的封闭钢板被泥沙冲开，土体发生喷涌，该处缝隙约40cm宽，涌土量约800m³。

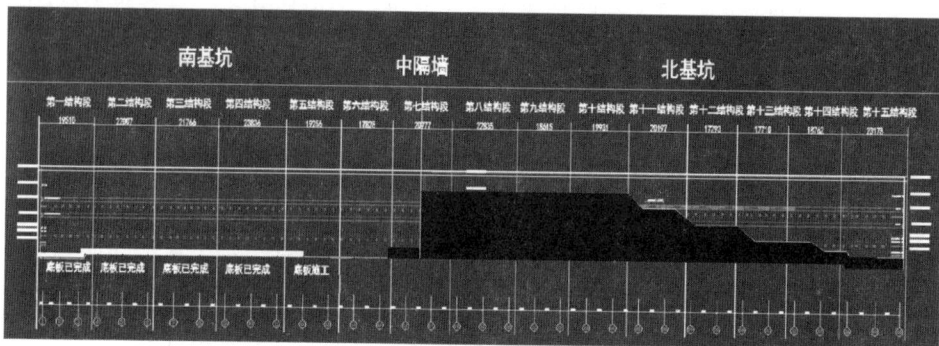

现场施工情况示意图

事故造成作业人员4人被困，4人被掩埋，2人成功自救，最终导致4人死亡，4人受伤。

事故现场示意图

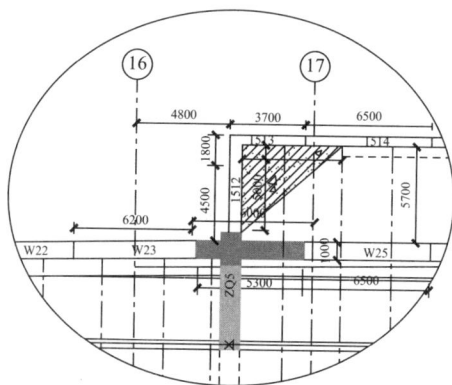

平面图

事故发生经过：2016 年 7 月 8 日 18 时许，某公司堵漏班班长安排 7 名堵漏工，在南基坑封堵墙西侧第五道钢支撑附近进行堵漏作业；某建设集团派出 4 名普工协助。堵漏人员使用厚度约 1cm、长度约 80cm、高度约 50cm 的钢板，由电焊工焊接固定在地连墙钢筋及膨胀螺丝上面，封堵漏水点。22 时 30 分许，位于第三道和第四道混凝土支撑之间（距地面约 13m 以下）的封堵墙（ZQ5）与西侧主体地连墙（W24）处已封闭好的堵漏钢板，突然被北基坑的泥沙冲开，形成一个宽约 90cm、高约 3.5m 的缺口，北基坑内约 800m³ 泥沙从该缺口处瞬间涌入南基坑，其泥沙冲击并掩埋了正在南基坑底部（距地面约 25m）堵漏施工的 8 名作业人员。事故发生后，某建设集团项目部立即启动应急预案，组织施救，当场从淤泥中救出 4 人，另 4 人失踪。4 名获救人员经医院医治后 2 人当日康复出院，另 2 人住院治疗；4 名失踪人员于 7 月 9 日 20 时前全部搜出，经医院抢救无效死亡。

2. 事故原因

（1）直接原因

1）主体 W24 幅连续墙与 ZQ5 幅封堵墙的接缝存在严重质量缺陷，形成事故隐患。实际施工中主体 W24 幅连续墙采用了一字型式，未按设计图纸规定的十字型式施工，且施工时未能有效控制主体 W24 幅连续墙与 ZQ5 幅封堵墙的接缝质量，形成沿竖向通长、最大宽度达 90cm 的质量缺陷区域、明显的渗漏通道和受力薄弱部位。

2）针对幅墙接缝的严重质量缺陷而采取的补救措施不当。基坑开挖过程中该部位出现渗水流砂现象后，使用钢板在坑内随挖随堵的补救措施偏弱，且钢板与地连墙连接不牢靠，受力性能差，未能从根本上解决安全隐患，渗漏通道依然存在，导致封堵墙北侧水土流失严重，土体空隙加大，形成涌土通道。

（2）间接原因

1）施工组织管理不到位。在组织地连墙施工时，未按照设计方案要求组织施工，改十字幅墙为一字幅墙；在组织堵漏施工时，未有针对封堵墙严重渗漏的具体情况，制定相应的专项堵漏措施；未对施工人员进行必要的安全生产教育和培训，安全意识淡薄。

2）安全监理不到位。没有及时发现和阻止施工单位未按设计图纸浇筑基坑（W24 幅连续墙），验收把关不严；未能有效督促补漏施工，发现北基坑堆土载荷过大后，没有及时督促施工单位落实整改措施。

3）项目总包单位安全生产检查不严格。没有及时检查发现施工单位未按设计图纸浇筑基坑（W24 幅连续墙），验收把关不严；在组织堵漏作业时，未有针对封堵墙严重渗漏的问题采取相应的专项堵漏方案。在天气连日降雨的情况下，仍然在基坑封堵墙附近违规堆积土方,直接加大了接缝缺陷部位的侧向压力。

4)地铁集团安全生产管理不严。未能有效督促施工单位严格落实各项安全规定,未能及时发现施工单位未按图纸施工;未及时发现并制止施工单位在北基坑临时违规堆土,消除事故隐患。

3. 事故处理

(1)事故责任单位处理建议

1)对专业分包单位、施工总承包单位给予行政处罚。

2)对监理单位,应由建设行政主管部门依据相关规定给予相应处理。

(2)事故责任人处理建议

1)对专业分包单位施工技术负责人、施工现场负责人,施工总承包单位项目施工员,监理单位项目专业监理工程师,应提请司法机关依法追究其刑事责任。

2)对专业分包单位安全生产总负责人、专业分包项目经理,总承包单位安全生产工作总负责人,应根据相关法律法规,给予行政处罚。

3)监理单位工程项目总监,总承包单位工程项目经理,应根据所在单位责任规定给予处理。

4)建设单位总工程师、项目负责人,应给予党政处理、纪律处分。

5.1.12 案例十二 厦门地铁 2 号线 "2·12" 盾构隧道燃爆事故 (2017)

1. 事故简介

2017 年 2 月 12 日 18 点 30 分左右,厦门市轨道交通 2 号线一期工程 1 标段海沧大道站—东渡路站区间,右线盾构现场发生一起事故。3 名工人带压进仓作业完毕在减压仓减压过程中,因仓内突然起火受伤,经送医院抢救无效死亡。事故直接经济损失 412.7 万元。

调查认定,这是一起施工单位履行安全生产主体责任不到位;监理单位监督管理责任不到位,监理责任缺失,引发的一起生产安全较大事故。

事故调查组聘请业内盾构专家对事故原因做了调查分析,认为仓内引发燃爆的火源应为明火,明火的来源有以下几种可能:(1)仓内自动翻折式座椅,连接部位均为金属构件,在反复翻折、摩擦碰撞的情况下产生静电、火花,且翻折式座椅采用含海绵的坐垫。(2)不排除照明线路引起电弧,或照明灯具故障,舱内人员拆卸时引起电弧。(3)不排除仓内人员带入手机、火种等。(4)不排除仓内人员穿戴含化纤材质的服装,带入含化纤材料的手套、抹布等,产生静电。根据现场踏勘结果,火源为舱内自动翻折式座椅反复摩擦产生火花的可能性最大。

事故发生经过:2017 年 2 月 12 日下午,在厦门市轨道交通 2 号线一期工程

1 标段海沧大道站—东渡路站区间右线盾构现场，13 时 30 分左右，3 名工人带压进仓进行仓内清理碎石作业；16 时 30 分左右，3 名工人作业完成后进入减压仓吸氧减压；18 时 10 分左右，减压仓副仓起火；18 时 30 分左右，在采取打开应急排气口、关闭氧气管路阀门、开仓后使用灭火器喷射等紧急措施后，施救人员进入减压仓施救；19 时 30 分左右，施救人员使用隧道电瓶车将受伤人员送至井口，并紧急送往医院抢救；20 时 30 分左右，进仓作业的 3 名工人抢救无效死亡。

2. 事故原因

（1）直接原因

综合技术以及施工程序、专项方案、事故过程、设备技术资料等分析表明：盾构机减压仓在富氧环境下，连接部位均为金属构件的仓内自动翻折式座椅，在反复翻折、摩擦碰撞的情况下产生静电、火花；非阻燃材料在两座椅之间起火，导致该位置人员着火；该位置人员起火后未启动手动喷淋装置，在向盾构减压仓主仓逃生时，将火种带入主仓，引起主仓瞬间燃爆。

（2）间接原因

1）减压仓内座椅配有非阻燃材质坐垫；操作人员未严格遵守带压进仓作业规程，未正确穿着、佩带阻燃材质的劳动防护用品；当班人员未严格落实作业审批制度，未对带压进仓作业的非阻燃材质物品进行点验、甄别，致使仓内留存有非阻燃材质化纤衣服、编织袋、饮用水塑料瓶、抹布等，具备事故发生的可燃物条件。

2）减压仓未配备固定式气体实时检测系统，对氧气浓度检测方法不科学；当班人员未严格遵守相关安全生产规范及安全操作规程，未采取相应的安全防护监护措施；带压进仓作业时未对作业场所气体实时检测和氧气浓度进行有效控制，致使事故发生时减压仓内处于富氧状态，具备事故发生的助燃物条件。

3. 事故处理

（1）事故责任单位处理建议

1）施工单位对事故发生负有直接责任，建议由厦门市安全生产监督管理局依法进行行政处罚。施工单位项目部，对事故发生负有管理责任，应向其上级主管单位作出深刻检讨。

2）监理单位监理责任缺失，建议由建设行政主管部门按照有关规定处理。

3）建设单位未能有效履行建设项目安全生产管理责任，存在麻痹思想，对事故发生负有管理责任，应向主管部门作出深刻检讨。

（2）事故责任人处理建议

1）对施工单位、建设单位相关责任人员，建议经济罚款。

2）项目安全总监对事故发生负有管理责任，建议用人单位调离工作岗位。

5.1.13 案例十三 深圳轨道交通 3 号线南延线 "5·11" 坍塌事故（2017）

1. 事故简介

2017 年 5 月 11 日上午 10 点 30 分，位于深圳市福田区红花路的轨道交通 3 号线三期南延工程主体 3131 标，福保站 18 轴附近基坑内土方突然发生坍塌，造成在 15 轴附近进行例行检查的 3 名作业人员瞬间被埋，事故造成 3 人死亡。

事发经过：事故发生前，施工单位正在开挖面挖土，有 4 台挖掘机在作业、坡顶有泥头车在装土。5 名工人在基坑内作业，在 15 轴附近第四层钢围檩托架上用砂浆抹墙。11 日上午 10 时左右，基坑内 15～18 轴附近北侧土体突然发生滑塌，滑塌土方约 200m³，导致 15 轴第四层钢管支撑移位，造成在基坑 15 轴附近的 3 名作业人员死亡。

经调查认定，深圳市城市轨道交通 3 号线三期南延工程主体 3131 标 "5·11" 坍塌事故是一起较大生产安全责任事故。查明了市政总公司在事故发生后牵头进行有组织的弄虚作假、在事故调查中作伪证的事实。

2. 事故原因

（1）直接原因

1）擅自组织实施的土方开挖作业未按照施工方案进行，开挖面开挖坡度偏陡，挖掘机作业时局部超挖，坡顶超载。在此情况下，由于场地地质条件较差，受 5 月 9～10 日深圳市普降中到大雨影响，基坑开挖面土体含水量增加，土体强度有不同程度的降低，开挖面失去稳定，造成了本次边坡滑塌事故。

2）施工单位违反地铁集团停工通知要求，擅自组织施工作业。2017 年 5 月 9 日 14 时至 11 日上午 10 时，施工单位违反地铁集团停工通知要求，分别组织部分员工进行土方开挖作业和下基坑进行抽排水、检查钢支撑、钢围檩等作业。期间，共外运土方 114 车。

（2）间接原因

1）地铁集团未认真落实建设单位职责，对施工、监理单位现场人员履职情况检查整改不力，未跟踪落实停工通知。

2）市政总公司未认真落实施工单位职责，项目主要管理人员未完全履职，违法分包、对分包单位管理不力，对土方开挖工程现场监督整改不力，未有效督促落实建设单位的停工通知。

3）施工单位违法承包工程，违法分包工程，现场管理架构不健全，不落实停工通知，安排工人到危险区域作业且无相应安全防范措施。

4）项目管理人员配备不足，在明知地铁集团停工通知的情况下擅自组织施工，且不按施工方案进行土方开挖作业，现场超挖，未及时消除安全隐患。

5）安全监理人员配备不足，对施工单位履职情况监督不力，对施工单位违法分包工程、分包单位违法承包工程失察，对土方开挖工程现场旁站监理缺失。

3. 事故处理

（1）事故责任单位处理建议

1）对 5 家事故责任单位给予行政处罚。

2）对市住建局等 4 家单位，分别责成其作书面检查或作书面告诫处理。

（2）事故责任人处理建议

1）公安机关已对 4 人以涉嫌重大责任事故罪立案侦查并采取刑事强制措施，事故调查组另建议以涉嫌重大责任事故罪刑事追究 1 人并采取刑事强制措施。

2）对上述涉嫌犯罪人员中属中共党员或国有企业内部监察对象的，按照有关管理权限，责成相关单位在具备处理条件时及时作党纪政纪处理。

3）对 3 个涉责单位的 17 名责任人员给予党纪政纪处分。

4）对 5 家事故责任单位的 13 名责任人员的违法行为给予行政处罚。

5）对于事故可能涉及的相关职务犯罪线索，由检察机关继续依法独立调查。

5.1.14　案例十四　青岛—海阳城际轨道交通工程"6·23"车辆伤害事故（2017）

1. 事故简介

2017 年 6 月 23 日 5 时 30 分左右，在青岛地铁 11 号线轨道交通工程机电系统一标段，施工单位在青岛二中站—青岛科大站区间进行电缆运输过程中发生一起车辆伤害事故，造成现场施工人员 3 人死亡，直接经济损失 402.6 万元。

事故发生经过：按照轨行区调度命令安排，2017 年 6 月 22 日 19 时至 6 月 23 日 7 时，事发的青青区间为土建十三标项目部混凝土施工时间，当班轨道车司机持有铁路自轮运转车辆驾驶证，准驾工务施工用轨道车。

6 月 22 日 20 时许，环网劳务队会计找到当班轨道车司机，请求其班组完成工作量后将轨道车停放于青岛二中站南侧，让出路轨以便环网劳务队进入青青区间施工，并支付了 500 元钱作为报酬。6 月 23 日 3 时 16 分、4 时 06 分，当班轨道车司机两次与环网劳务队会计联系，通知其做好施工准备。2017 年 6 月 23 日 3 时许，环网劳务队队长安排汽车起重机将改装电缆运输车放置在 U 型槽（本工程桥隧过渡段，位于青岛科大站北侧，张村站南侧）处。4 时 30 分许，环网劳务队队长组织工人用租用的汽车起重机将 3 盘 35kV 电缆吊放至轨道上的改装电缆运输车上。几分钟后，当班轨道车司机驾驶轨道车从隧道内开出，行至 U 型槽处，将轨道平车上的混凝土料斗吊出，混凝土施工完成，施工人员退场。此时，项目部派驻现场值班员看到施工结束，轨道车归位，未通知下一班值班员，也未向调度报告，离开其值班岗位。随后，当班轨道车司机在与环网劳务队队长进行沟通后告知随车车长，要将轨道车推进至青岛二中站给环网劳务队让道，随车车长同意了当班轨道车司机的要求。5时许，当班轨道车司机驾驶轨道车驶入隧道右线，轨道车车速在8～9km/h。5时10分许，在没有取得轨行区作业令的情况下，环网劳务队施工队长带领16名施工人员进入隧道右线，安排无机动车驾驶证的司机驾驶三轮车，随队技术员坐在副驾驶位置，4名作业人员坐在三轮车后斗内，其余11名工人站在三辆平板车上，无机动车驾驶证的司机驾车进入隧道后，一开始开得很慢，到达青岛科大站后进入长下坡，车速开始越来越快，司机开始点刹车辆。虽然青青区间内照明灯不亮，但是在黑暗中环网劳务队队长及随车人员都感觉到了车速在不断加快，遂询问司机为何车速在变快，司机将刹车踩到底，仍未能将三轮车刹住，并答道："车刹不住了"。当电缆运输车辆行驶至右线YK14＋900的下坡转弯段时，突然发现前方行驶的轨道车，三轮车后斗内的环网劳务队队长及1名作业人员跳车躲避，三轮车与轨道车随即发生追尾，碰撞后，三轮车及平板车脱出轨道，电缆线盘因强大的惯性从平板车上甩出向前滚落至行进方向右侧排水沟内，挤压住跳车人员，平板车上站立的工人也因惯性甩落至地面和两侧排水沟内。轨道车司机在感觉到碰撞后，立即采取了制动措施，轨道车滑行了1m左右停住。被惯性甩落的环网劳务队2名作业人员从地上爬起，观察周围情况，发现有工友被电缆线盘挤压住，2人试图挪动线盘，但线盘重量太大无法移动。

经调查认定，青岛市"6·23"地铁11号线轨道交通工程较大车辆伤害事故是一起较大生产安全责任事故。

2. 事故原因

（1）直接原因

劳务公司违规使用未经正规设计、自行改装、制动装置存在严重缺陷的电缆运输车，违反轨行区作业管理规定，在未取得轨行区作业令的情况下违规进入轨行区作业，与前方违规运行的轨道车发生追尾碰撞，是造成事故的直接原因。施工单位在运输电缆时电缆线盘捆绑不牢，且人货混装混运，导致事故损失扩大。

（2）间接原因

1）劳务公司

① 未根据实际施工情况提报施工作业计划。

② 施工人员在运输敷设电缆前未对经过的通道进行检查，特别是隧道内轨道上有无影响牵引车辆通行的障碍物，照明是否满足要求进行提前检查，导致未发现轨行区内前方存在轨道车的事故隐患。

③ 在电缆运输过程中，未将电缆线盘与平板车拉结固定，导致撞车后电缆线盘脱离平板车滚落至轨道旁，加重了事故伤害。

2）施工总承包单位

安全生产责任制及规章制度落实不力，对施工队伍管理不到位，对轨行区内的隐患排查不细致，风险防控措施不落实。放任劳务分包单位私自改装轨道牵引车和自制放缆车，没有取得作业令擅自进入轨行区作业。项目经理部，作为轨行区管理单位，对轨行区管理不到位。

3）监理单位对施工现场监理不到位。

3. 事故处理

（1）事故责任单位处理建议

对施工单位、监理单位以及相关的劳务单位，建议就较大事故责任处以经济处罚。

（2）事故责任人处理建议

劳务队项目经理，违规制作轨道车，违反作业令规定的施工区间违规进入轨行区施工，未根据实际施工情况提报施工计划，申请车辆使用计划。违反《建设工程安全生产管理条例》第六十五条"安全防护用具、机械设备、施工机具及配件在进入施工现场前未经查验或者查验不合格即投入使用"的规定，违反轨行区管理实施细则的规定，对事故发生负有直接责任。其行为已涉嫌犯罪，建议移交司法机关追究刑事责任。

轨道车司机违反工作纪律，收受环网劳务队好处费，在该队无施工作业令且自身未接到调度命令的情况下，私自让道，导致不具备安全生产条件的改装农用车违规进入轨行区。违反《建设工程安全生产管理条例》第三十三条"作业人员应当遵守安全施工的强制性标准、规章制度和操作规程，正确使用安全防护用具、机械设备等"的规定，违反轨行区管理实施细则的规定，对事故发生负有直接责任，其行为已涉嫌犯罪，建议移交司法机关追究刑事责任。

派驻现场值班员工作时间擅自离岗，造成值班员岗位空岗，致使环网劳务队没有作业令、使用私自改装作业车违规进入轨行区，违反轨行区管理实施细则的规定，对事故发生负有直接责任，其行为已涉嫌犯罪，建议移交司法机关追究刑事责任。

5.1.15　案例十五　广州市轨道交通 21 号线"1·25"火灾、坍塌事故（2018）

1. 事故简介

2018 年 1 月 25 日 17 时 10 分左右，广州市轨道交通 21 号线（10 标）水西站～苏元站区间，左线盾构机带压开仓动火作业时，焊机电缆线短路引起火灾，3 名仓内作业人员失联，施救过程中土仓压力急速下降，掌子面土体失稳，突发坍塌。事故造成 3 人死亡，直接经济损失 1008.98 万元。

事故发生经过：1 月 25 日 14 时 45 分左右第 15 仓的带压换刀作业由作业单位 3 名换刀工人执行，他们进入左线盾构机前部，首先开始第 15 仓气压开仓前准备，具体工作任务是继续切割和维修 17/18 号刀箱。在上述 3 名工人在土仓切割 17/18 号刀箱作业的同时，隧道公司盾构工区经理安排 2 名维修工人着手调试土仓三根主要排气管，目的是解决 14 仓人员提出的排烟差的问题。1 月 25 日 17 时左右，操仓员通知仓内作业人员准备减压出仓，仓内人员回应收到。又过了几分钟，操仓员再次联系仓内人员但已没有应答，同时发现仓内排气中烟味较重。1 月 25 日 17 时 20 分左右，仓内气压经 10min 后从 2.0bar 降至 0.5bar。17 时 30 分左右，隧道公司盾构工区经理带人赶到并打开人仓闸门，人仓内有浓烟溢出，温度较高，救援人员无法进入人仓内进行救援，隧道公司盾构工区经理等人通过打开进气阀、向人仓内用水管洒水、通风排烟等措施降温排烟。1 月 25 日 18 时 10 分左右，隧道公司盾构工区经理带几个工人用扳手拧开螺丝并踢开土仓闸门，进仓后发现掌子面坍塌，3 名换刀工人被埋。

2. 事故原因

（1）直接原因

作业工人在有限空间带压动火作业过程中，焊机电缆线绝缘破损短路引发人闸副仓火灾，引燃副仓堆放的可燃物，人闸主仓视频监控存在故障，未及时发现火灾苗头，人闸主仓、副仓无烟感消防监控系统，仓内人员缺乏消防安全与应急防护装备，无法实施有效自救，仓外作业人员极速泄压使盾泥泥膜失效，掌子面失稳坍塌将作业工人埋压。

（2）间接原因

隧道公司项目部未有效排除焊机电缆线绝缘破损、安全设备及监控设施存在故障等安全隐患，应急预案缺乏针对性、应急物资配备不足；施工管理缺位，监理单位未按规定履行监理职责；作业单位未履行安全管理责任；开仓检查换刀作业专项方案缺乏针对性且未及时更新；忽视安全技术说明，安全培训和技术交底流于形式；隧道公司未开展安全警示教育，吸取同类事故教训。

调查认定这是一起较大生产安全责任事故，认定隧道公司履行安全生产主体责任不到位，未按规定对《盾构带压开仓检查换刀方案》进行修改完善，未落实有限空间作业审批制度，未对新工艺采取有效的安全防护措施，未能及时排除人仓监控等安全设备的机械故障，未按规定配备应急物资及装备，在维修排气管时未能停止作业，未能深刻吸取本单位同类事故教训落实整改措施，未按规定如实报告生产安全事故，对事故发生和事故谎报负有责任。

施工现场监理缺位，风险管控措施不到位，安排未经监理业务培训的监理人员从事监理员工作，开仓作业时未按规定安排专人旁站监督和填写旁站监理记录，未督促施工单位有效开展隐患排查治理，对事故发生负有责任。

作业单位未对进仓作业人员进行安全教育培训，未开展安全检查和隐患排查治理，未有效监督员工佩戴符合国家标准的劳动防护用品，对事故发生负有责任。

3. 事故处理

（1）事故责任单位处理建议

施工单位履行安全生产主体责任不到位，未按规定对《盾构带压开仓检查换刀方案》进行修改完善，未落实有限空间作业审批制度，未对新工艺采取有效的安全防护措施，未能及时排除人仓监控等安全设备的机械故障，未按规定配备应急物资及装备，在维修排气管时未能停止作业，未能深刻吸取本单位同类事故教训落实整改措施，未按规定如实报告生产安全事故，违反相关规定，对隧道公司实施行政处罚，并由市住建部门依据《建筑市场信用管理暂行办法》作出相应处理。

监理单位施工现场监理缺位，风险管控措施不到位。安排未经监理业务培训的监理人员从事监理员工作，开仓作业时未按规定安排专人旁站监督和填写旁站监理记录，未督促施工单位严格实行作业审批制度；未能督促施工单位有效开展隐患排查，及时排除施工中的安全隐患。建议由市安全监管部门根据《中华人民共和国安全生产法》的规定，对其进行行政处罚。

作业单位未对进仓作业人员进行安全教育培训，未开展安全检查和隐患排查治理，未有效监督员工佩戴符合国家标准的劳动防护用品，建议由市住建部门依据《建筑市场信用管理暂行办法》作出相应处理。

（2）事故责任人处理建议

建议对施工单位项目部执行经理、项目部副经理兼盾构区经理，安全管理单位作业现场负责人、项目负责人，监理单位旁站监理工程师追究刑事责任。

建议对施工单位项目部总工、技术主管、盾构主管、项目部工程部长、安全部长、党委副书记，监理单位项目总监，业主代表等给予党纪、政纪处分。

建议对隧道公司负责人及直接参与和组织修改盾构机系统参数的主管人员、直接组织并参与谎报的其他直接责任人员实施，监理单位未及时消除生产安全事故隐患的法定代表人进行行政处罚。

5.1.16 案例十六 成都地铁 5 号线土建 9 标"1·29"生产安全事故（2018）

1. 事故简介

2018 年 1 月 29 日上午 10 时许，两名作业人员携带相关设备和防护装备来到现场进行堵头拆除作业，作业前进行了通风、气体检测等准备工作，其中 1 名作业人员在做好安全防护措施后，下到污水井内开始拆除堵头作业，另 1 名作业人员在地面井口监护。在项目部管理人员监督下，顺利拆除封堵墙并取出了 3 个阀门，期间拆除施工一切正常。当拆除第 4 个阀门也就是最后 1 个阀门时，项目部管理人员离开拆除作业现场，到三环路对面降水井工点进行巡查。11 点 10 分左右，项目部管理人员接到拆除作业现场发生事故的报告，该事故导致 2 人死亡，1 人失联。

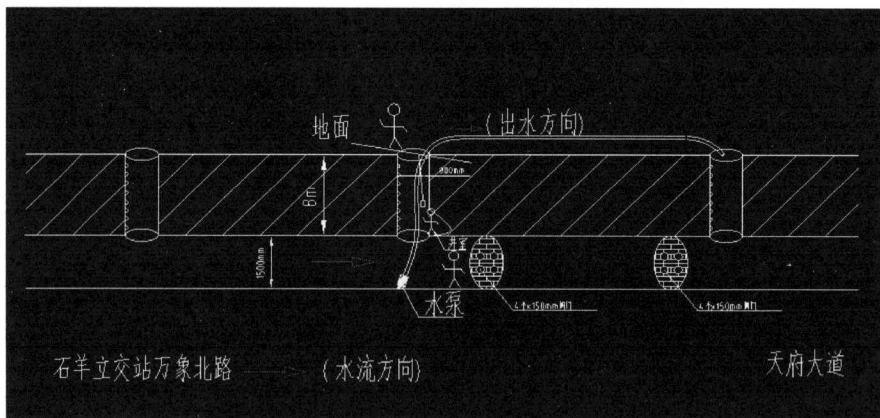

事故现场示意图

2. 事故原因

（1）直接原因

1）井下作业人员在拆除砖砌堵头过程中，上游水流突然加大，流量和流速超出预期，导致作业人员被污水冲走。

2）污水管管壁沉积的淤泥非常光滑，人员不慎滑倒后，由于管内水流湍急被污水冲走。

3）地面监护人员在井下人员遇险后救人心切（地面监护人员与井下作业人员为亲戚关系），跳井施救，被湍急的污水冲走导致遇险，导致事故扩大。

（2）间接原因

1）专业分包公司对劳务人员的教育不到位，致使作业人员的安全意识薄弱，应急技能低下。

2）项目部对专业分包公司派往现场作业人员的实际施工能力，考察不够仔细。

3）项目部对污水管道检查井下拆除作业的风险辨识不够充分，风险转移控制不严，现场监督管理存在疏忽。

5.1.17　案例十七　佛山市轨道交通 2 号线一期工程"2·7"透水坍塌重大事故（2018）

1. 事故简介

2018 年 2 月 7 日 20 时 40 分许，佛山市轨道交通 2 号线一期工程土建一标段（以下简称"TJ1 标段"）湖涌站至绿岛湖站盾构区间右线工地突发透水，引发隧道及路面坍塌，造成 11 人死亡、1 人失踪、8 人受伤，直接经济损失约 5323.8 万元。

事故发生经过：2018 年 2 月 7 日晚事发前，右线盾构机完成 905 环掘进后，位于隧道底埋深约 30.5m 的淤泥质粉土、粉砂、中砂交界处且具有承压水的复杂地质环境中，在进行管片拼装作业时，突遇土仓压力上升，盾构下沉，盾尾间隙变大，盾尾透水涌砂。经现场施工人员抢险堵漏未果，透水涌砂继续扩大，下部砂层被掏空，使盾构机和成型管片结构向下位移、变形。隧道结构破坏后，巨量泥沙突然涌入隧道，猛烈冲断了盾构机后配套台车连接件，使盾构机台车在泥沙流的裹挟下突然被冲出 700 余米，并在隧道有限空间内引发了迅猛的冲击气浪，隧道内正在向外逃生的部分人员被撞击、挤压、掩埋，造成重大人员伤亡。

湖涌站～绿岛湖站区间隧道位置平面图

2. 事故原因

（1）主要原因

事故主要原因是盾尾密封承压性能下降遭遇特殊地质环境等因素叠加，引发隧道透水坍塌。

1）事故发生段存在深厚富水粉砂层且临近强透水的中粗砂层，地下水具有承压性，盾构机穿越该地段时发生透水涌砂涌泥坍塌的风险高。

① 事故段隧道底部埋深约 30.5m，地层由上至下分别为人工填土、淤泥质粉土、淤泥质土、淤泥质粉土、粉砂、中砂、圆砾以及强风化泥质砂岩。大部分土体松散、承载力低、自稳性差、易塌陷，其中粉砂层属于液化土，隧道位于淤泥质土和砂层，总体上工程地质条件很差。

② 隧道穿越的砂层分布连续、范围广、埋深大、透水性强、水量丰富，且上部淤泥质土形成了相对隔水层，下部砂层地下水具有承压性，水文地质条件差。

③ 事发时盾构机刚好位于粉砂和中砂交界部位，盾构机中下部为粉砂层，中砂及其下的圆砾层透水性强于粉砂层并且水量丰富和具有承压性，一旦粉砂层发生透水，极易产生管涌而造成粉砂流失。

在上述工程地质条件和水文地质条件均很差的地层中，盾构施工过程具备引发透水涌砂坍塌的外部条件，盾构施工风险高。

2）盾尾密封装置在使用过程密封性能下降，盾尾密封被外部水土压力击穿，产生透水涌砂通道。

① 事故发生前，右线盾构机已累计掘进约 1.36km，盾尾刷存在磨损，盾尾密封止水性能下降。在事故发生前已发生过多次盾尾漏浆，存在盾尾密封失效的隐患。

② 管片拼装期间盾尾间隙处于下大上小的不利状态，盾尾底部易发生漏浆漏水。

③ 盾构机正在进行管片拼装作业，管片拼装机起吊 905 环第 2 块管片时，盾尾外荷载加大，同时土仓压力突然上升约 40kPa，对盾尾密封性不利。

上述因素导致盾尾密封装置在使用过程耐水压密封性下降，导致盾尾密封被外部压力击穿。

3）涌泥涌砂严重情况下在隧道内继续进行抢险作业，撤离不及时。

① 19 时 03 分盾尾竖向偏差已达 30.7cm，19 时 08 分大约 899 环管片 4 点至 5 点位置出现涌泥涌砂，隧道内已有大量泥砂堆积，20 时 03 分盾尾下沉了 41.75cm，激光导向系统已无法监测到盾尾竖向偏差。上述现象可判断出隧道已处于危险状态。

② 19 时 03 分作业人员向盾尾密封内打入应急堵漏油脂，并向盾尾漏浆处抛填砂袋反压，但盾尾透水涌泥涌砂现象仍在持续，表明抢险措施难以有效控制险

情。上述情况下，不及时撤离抢险人员属于险情处置措施不当。

4）隧道结构破坏后，大量泥砂迅猛涌入隧道，在狭窄空间范围内形成强烈泥砂流和气浪向洞口方向冲击，导致部分人员逃生失败，造成了人员伤亡的严重后果。

盾构机所处位置为上坡段，盾构机距离井口距离较远（约 1.36km），人员逃生距离长，隧道周边地层被掏空后，上部地层突然下陷，隧道结构破坏，地下水和泥砂流瞬间倾泻而入，形成的冲击力直接冲断了盾构机后配套台车连接件，使盾构机台车在泥砂流的裹挟下突然被冲出 700 余米，并在隧道有限空间内引发了迅猛的冲击气浪，隧道内正在向外逃生的部分人员被撞击、挤压、掩埋，造成重大人员伤亡。

（2）间接原因

1）施工单位对施工安全风险认识研判不足，对隧道内的险情处置不当，冒险组织堵漏，扩大了人员伤亡损失。施工单位虽然编制了应急预案，但是预案对涌水涌泥涌砂抢险时在何种情况下应当立即撤离没有明确的指引，完全依赖现场指挥人员个人经验判断，对抢险救援的指导性不强。

2）监理责任落实不到位。督促施工单位加强风险研判和隐患排查治理不力；未按规范要求对施工单位安全教育活动进行旁站，旁站监理人员不到岗且未如实填写旁站记录，未核实受教育人员名单；未按规定对施工段面沉降严重的风险预警制定处置方案，未跟进红色预警分析会议提出的措施落实情况，也未向业主单位报告措施落实情况。

3. 事故处理

（1）事故责任单位处理建议

1）对施工单位进行行政处罚。

2）建议地方主管部门对劳务分包单位、监理单位违法行为进行处理。

（2）事故责任人处理建议

1）对地方投资公司副总经理给予党内警告处分。

2）对监督部门相关责任人给予行政记过或诫勉处理。

3）施工单位盾构分部总工、工程部负责人因涉嫌重大责任事故罪被公安机关立案侦查，对涉事企业 16 名人员给予不同程度的警告或处分。

4）对监理单位项目总监理工程师给予党内警告处分。

5.1.18　案例十八　贵阳市轨道交通 2 号线一期工程"8·8"坍塌事故（2018）

1. 事故简介

2018 年 8 月 8 日早上 6 时，北京西路站主体结构 YDK26＋210.3～YDK26＋

219.3 段内缘分布筋绑扎至拱顶位置，当夜值班钢筋班小组长发现内缘分布筋数量不够，私自将防水板台车向大里程方向前移 4.1m，采用防水板台车自带的吊装体系进行分布筋的吊运，分布筋吊运至最顶层作业平台上后，4 人在防水板台车传送钢筋，3 人钻入钢筋骨架内接受传送钢筋，由于主筋与环向筋均为热轧带肋钢筋，台车上与钢筋笼内的工人在接送钢筋时反复的拖拽钢筋，拖拽的钢筋与已安装的环向主筋反复的摩擦导致已绑扎的钢筋笼失稳，钢筋笼向小里程方向倾斜并坍塌，在钢筋笼内的 3 名工人不幸被压身亡。

2. 事故原因

（1）直接原因

主要是由于作业人员在二衬钢筋绑扎中，擅自将钢筋工装台车移出到钢筋骨架外缘，导致二衬钢筋失稳倾覆。

（2）间接原因

1）麻痹思想作祟，认为高风险的大断面开挖、初支已经过去，重大风险已经消除，放松了现场监管；

2）为赶进度、图省事，违反操作规程；

3）现场监管不力，对违章作业没有及时发现、及时制止。

5.2 事故发生特点及规律

近年来，城市轨道交通工程发生的较大及以上生产安全事故大多为基坑坍塌、隧道坍塌以及盾构开仓作业事故，发生事故的时间段大都集中在开（复）工和施工高峰期。通过对事故成因进行系统性研究分析，总结和揭示出事故发生具有一定的规律性。深基坑施工、隧道施工及盾构开仓属高风险作业，地质条件复杂，作业难度大，导致事故高发；在工程开（复）工阶段，各种施工条件不齐备和作业环境均处于不利状态，风险辨识不清楚，管控措施不到位，也导致事故高发。6～8 月是施工高峰期，为节点目标组织抢工，交叉作业增多，往往由于现场管理不到位，安全隐患排查不认真、整治不彻底而引发事故。另外，由于对风险识别及管控不到位，导致同类事故重复发生需引起高度重视，如：大断面钢筋笼骨架垮塌事故发生 3 起、死亡 10 人，盾构开仓火灾事故发生 2 起、死亡 6 人，教训十分惨痛。

分析城市轨道交通工程近年来发生的这些事故，突出表现在：（1）安全管理责任落实不到位，风险管控和隐患排查治理双重预防机制尚未形成。（2）建设项目安全生产管理资源与建设规模不匹配，安全管理力量不足，规章制度不健全，专业人才缺乏，安全监管力度不够，甚至缺位失控。（3）施工作业现场不按规范施工、不按规程作业、不守劳动纪律，专项施工方案不落地，技术交底针对性不强，出现险情后对施工安全风险认识研判不足、处置不当，扩大了人员伤亡损失。

5.3　事故原因分析

5.3.1　施工安全技术问题

勘察方面：勘察采用的手段和方法与当地的地质条件不匹配；提供的土层力学参数与具体的工况不匹配；未按地质单元进行岩土参数统计分析；勘察精度与地质复杂程度不匹配。

设计方面：设计对地质勘察报告和周边环境调查报告研究深度不足，设计方案针对性不强；设计文件内部审核不严，设计参数取值不当，图纸质量不高；涉及重大安全问题的细部设计不详；设计文件对监测要求过低，存在监测缺项和控制指标不明确等问题；设计方案对施工的可操作性考虑不足；对工程安全的稳定性分析不够，对变更把关不严；设计人员缺乏经验。

施工方面：施工违反技术规范要求，不按审批的方案施工；安全技术交底流于形式；施工技术交底深度不够；降水不到位；基坑工程地连墙接缝渗漏处理不满足安全要求，渗漏检测缺失，未按要求分层分段开挖，支撑架设不及时，堆载超负荷；隧道支护与设计不符，开挖步距控制不严；钢筋骨架稳定性计算缺失；盾构开仓方案针对性不强；盾体密封隐患治理不及时；施工监测数据分析不到位，异常情况处理不及时；受限空间作业安全风险识别不到位；应急处置措施不当。

监测方面：第三方监测项目不全，未覆盖工程全部监测项目；监测方案可操作性不强；预警指标不具体，预警流程不清晰；监测数据分析深度不足，缺乏综合性分析和趋势判断；监测现场巡视流于形式，不能及时发现问题。

监理方面：监理对工程重难点认识不足，分析不到位；监理细则针对性不强；旁站方案项目不全；监测数据比对分析不足。

5.3.2　施工安全管理问题

建设单位：（1）未严格执行工程建设程序，工期不合理、安全保障不足；（2）对参建各方的履约管理不到位，对施工、监理单位项目负责人变更频繁、未到岗履约的突出问题未能有效制止，对未按图纸和方案施工问题制止不力；（3）督促检查不到位，对风险防控和隐患治理跟踪落实不到位。

施工单位：（1）现场管理混乱，关键岗位人员到岗率低，违规作业屡禁不止，未按安全施工专项方案和安全交底进行作业，安全防护不到位；（2）培训、技术交底和应急演练流于形式，施工监测不到位，隐患排查不彻底，对安全风险研判不足，对突发事件处置不当；（3）不遵循工程建设规律，盲目赶工、抢工问题突出。

设计单位：（1）未按照规定开展专项设计工作，对监测数据的异常分析配合不够；（2）设计文件中的危大工程清单不够详尽，设计文件未充分考虑施工的可行性，施工方案变更时与施工单位的沟通不够。

勘察单位：（1）成果深度不足，对特殊地质情况和周边环境调查不详尽；（2）勘察交底和施工配合工作不到位。

监理单位：（1）人员到岗履职率普遍偏低，监理人员专业配置及专业素质不够，旁站监理流于形式，对现场发现的问题未及时督促施工单位进行整改，对隐患整改复查不到位，对施工作业人员违规作业发现和制止不力；（2）未按照设计及规范要求开展监理工作，未按规定对危大工程、关键节点、隐蔽工程、单位工程及竣工等进行验收。

主管部门：（1）对发现隐患监督整改及问题处理不及时，依法依规对轨道交通建设过程的安全监督责任落实不到位，对参建各方安全管理方面存在疏漏，挂牌督办不到位；（2）监管力量严重不足，监管经验比较缺乏，监管能力和素质有待提高，监管手段及监管模式有待创新，指导应急处置能力不足。

5.4 预防措施

1. 加强地质勘察和周边环境调查工作，防控地质风险和周边环境风险。

加大地质勘察和周边环境调查工作的投入，强化过程管控，确保提供真实、准确的成果资料。加强对地下水、管线渗漏水和地表水的调查研究工作。勘察工作要全面识别地质风险，对特殊地质条件应组织专项勘察，深入分析地质条件对工程安全的影响。周边环境调查工作要全面识别工程周边环境风险，对高风险的周边环境应组织专项调查。

2. 开展安全风险评估，做好专项设计。

按照不同设计阶段逐步深化细化安全风险评估工作，开展风险分级，编制工程风险清单、危大工程清单、关键节点清单，并采取针对性的设计措施，对高等级风险工程开展专项设计和审查论证工作。

3. 严格高风险工程专项施工方案编制、论证和审批。

按照《危险性较大的分部分项工程安全管理规定》（中华人民共和国住房和

城乡建设部令第 37 号）和《住房城乡建设部办公厅关于实施〈危险性较大的分部分项工程安全管理规定〉有关问题的通知》（建办质〔2018〕31 号）要求编制危大工程专项施工方案，并根据需要进行专家论证，专项方案论证通过后方可用于指导现场施工。对高风险的周边环境工程应参照编制专项施工方案，制定专项监理实施细则，提高施工方案和监理细则的针对性。

4. 加强开（复）工及关键节点施工前条件核查工作。

要按照城市轨道交通工程自身风险、周边环境风险和施工作业风险，确定工程开工或复工前关键节点风险管控的具体内容。施工作业前必须编制安全专项施工方案，工程水文地质条件复杂的，要强化安全风险评估和论证；施工环境发生重大变化的，要及时补勘或调整施工方案；施工环节相关联或相互影响的，要严格检测和验收。对深基坑开挖、盾构始发及到达、盾构开仓、隧道联络通道开挖、隧道下穿重大风险源、矿山法隧道开挖等关键节点施工前要严格按照既定程序组织安全条件验收，各相关方在验收中要逐条逐项检查、核实、确认并签字，明晰责任。通过核查的，方可进行关键节点施工；未通过核查的，相关单位按照核查意见进行整改，整改完成后建设单位重新组织核查。

5. 强化施工过程安全风险管控和隐患排查治理工作。

进一步深化城市轨道交通工程安全风险分级管控和事故隐患排查治理双重预防机制构建工作，坚持超前风险辨识评估，提前掌握风险，不断优化施工方案，明晰管理责任，配强施工资源，优选先进工艺，强化过程监控。特别是针对深基坑工程、隧道暗挖和盾构开仓作业等事故易发环节的安全隐患要进行重点管控，建立隐患排查台账，明确整改时限和责任人，逐项落实整改措施，有效发挥安全风险事前预防和事故隐患排查整治双控作用，遏制和防范生产安全事故发生。

6. 加强第三方监测及检测工作，提高预警处置水平。

增大第三方监测的覆盖面，加大监测频率，提升监测技术水平，规范监测数据分析及预警流程。推行高支模等危大工程的动态监测工作。落实预警响应责任，明确预警响应措施，提升预警处置能力，把险情控制在事故发生之前。重视质量安全检测工作，加强对危大工程的安全检测，特别是对桩墙间渗漏水、围（支）护结构强度等涉及工程安全的重要部位的检测工作。

7. 加强标准化管理和科技创新，提升现场管控水平。

按照《住房城乡建设部关于印发〈建筑施工安全生产标准化考评暂行办法〉的通知》（建质〔2014〕111 号）要求，认真组织开展安全标准化考评工作。推进《城市轨道交通工程土建施工质量标准化管理技术指南》的应用工作，结合本地实际编制实施细则，实现管理行为标准化和工程实体标准化，做到在建工程全覆盖。推广应用《城市轨道交通工程创新技术指南》《城市轨道交通工程 BIM 应用指南》成果，提升科技创新在质量安全方面的保障能力。

8. 提升监管能力，加大监管力度。

健全监管机构，加强培训教育，提高监管队伍的素质和能力。创新监管手段，推行"双随机一公开"的监管模式，提升监管效能。鼓励政府购买第三方服务，充实监管力量。坚持市场和现场两场联动，落实"黑名单"制度，营造诚实守信的市场氛围。